U0669957

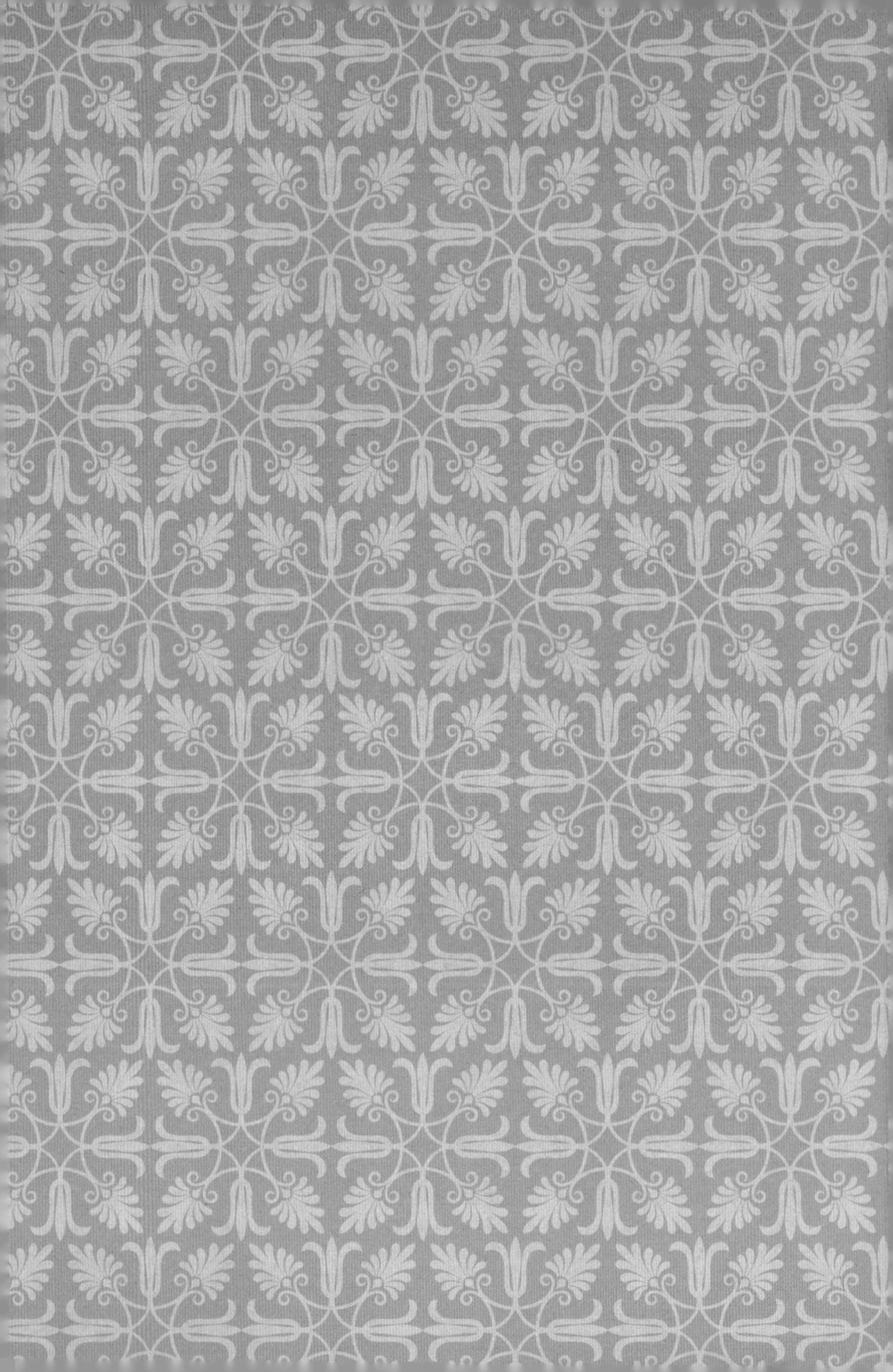

科学原来如此

人类的神秘邻居

孙淑贞◎编著

好痒，这个蚊子好能吃啊，一下子咬了这么多个包。

这是跳蚤咬的包！

金盾出版社

内 容 提 要

　　虫子给人们的印象可不大好。有的藏在房子的角落里,偷吃食物衣服甚至是书籍;有的白天偷偷躲起来,晚上出来吸血在我们身上留下痒痒的小包;有的破坏庄稼、破坏我们储存的粮食。真是讨厌。本书将为大家一一介绍这些讨厌的小家伙,并且教给你怎么对付它们。你准备好了吗?

图书在版编目(CIP)数据

　　人类的神秘邻居/孙淑贞编著. — 北京:金盾出版社,2013.9
(2019.3 重印)
　　(科学原来如此)
　　ISBN 978-7-5082-8468-2

　　Ⅰ.①人… Ⅱ.①孙… Ⅲ.①昆虫—少儿读物 Ⅳ.①Q96-49

　　中国版本图书馆 CIP 数据核字(2013)第 129356 号

金盾出版社出版、总发行

北京太平路 5 号(地铁万寿路站往南)
邮政编码:100036 电话:68214039 83219215
传真:68276683 网址:www. jdcbs. cn

三河市同力彩印有限公司印刷、装订

各地新华书店经销

开本:690×960 1/16 印张:10 字数:200 千字
2019 年 3 月第 1 版第 2 次印刷
印数:8 001～18 000 册 定价:29.80 元

(凡购买金盾出版社的图书,如有缺页、
倒页、脱页者,本社发行部负责调换)

前言

　　也许你很少注意到，在我们生活的这个世界里，除了我们能够看到的花鸟虫鱼和形形色色的人以外，还有一些小生物——虫子。它们躲在我们生活的每一个角落，总是出其不意地吓你一大跳，甚至还有些虫子十分讨厌，它们或者偷偷地啃你心爱的衣服，偷吃你的食物，甚至还会把你的书啃坏；还有些虫子白天躲在家里睡大觉，晚上出来吸我们的血，痒痒地留下小包……唉，虫子太多了，还有一些专门破坏庄稼和粮食。当然也不全是坏虫子，还有一些好的虫子，它们会帮助我们人类一起对抗这些可恶的"坏虫子"。

　　昆虫是地球上种类和数量最多的虫子群体，你可别小瞧了这些昆虫，它可是迄今为止数量最多的、最庞大的动物群体。要说起它们的踪迹，可谓遍布全世界，从赤道到两极，甚至连世界最高峰珠穆朗玛峰上也有它们的"身影"。据了解，目前，我们已经知道的昆虫超过100万种，不过这个数目是一个概数，因为如果想要仔细地将它们的种类核实还是一件十分困难的事。由于环境的不断变化，科学家们不断地发现新物种，所以如果想确切地知道昆虫的种类，还真不是件容易的事。

　　那么，昆虫种类这么多，而且形态多种多样，在科学分类上我们又依据什么呢？一般科学上将昆虫列为节肢动物门，这是由于昆虫具有节肢动物的共同特征，它们的身体环节分别组成头、胸、腹三个体段，但是不分部。一般头部是感知外部和吃东西用的，另外嘴1对触角1对，还包括单眼和腹眼两块。胸部是运动的中心，由三对足和2对翅组成。

另外，昆虫还有其他的一些标志性的特性，这也是它与其他科目的虫子的主要区别。在巨大昆虫类中，它又分为32个目，还有科学家为了能够方便研究，根据昆虫的构造和发育方式，还将昆虫分成了甲虫、蝶和蛾，蚂蚁、胡蜂和蜜蜂，蝇，蟫类和其他昆虫。

当然，除了我们前面提到过的昆虫以外，还有很多类虫子是属于节肢动物门的，蜘蛛和螨虫，马陆和蜈蚣等等。当然，在我们的餐桌上也有我们非常熟悉的节肢动物门的身影，像我们常见的螃蟹、虾等，许多人会说这些和虫子存在巨大的差距，可追根溯源它们也算是亲戚了！

在我们的自然界还有一种虫子，它们与我们前面提到过的有很大的区别：首先，它们没有坚硬外壳，看起来比较可爱，没有那么凶狠可怕，而且有的甚至还很可爱。它们属于无脊椎动物的软体动物门，像蛞蝓、蜗牛、乌贼、贝类都是这个类别的动物。

其实，大部分虫子与人类和平相处，一般都是"井水不犯河水"，但是有些虫子却严重困扰着人类，给我们的生活带来极大的困扰。所以，对于对人们有益的虫子我们叫它们益虫，反之有害的就叫他们害虫。益虫很多，像蜜蜂、螳螂、蜻蜓等；害虫呢，像蟑螂、苍蝇、蚊子以及危害人们生产的蝗虫和蚜虫等。当然，这里所说的害虫和益虫也是相对而言的，有的害虫其实也能做些有益的事，比如蚂蚁它会传播疾病，是我们通常说的害虫，然而它又能治病。

接下来，本书将为大家一一介绍这些讨厌的小家伙，并且教给你怎么对付它们。你准备好了吗？

目录

CONTENTS

目录

CONTENTS

目录

不请自来的家伙——果蝇

◎ 晚上，智智和爸妈在客厅里边吃西瓜边看电视。

◎ 吃完西瓜后智智随手把西瓜皮扔到了垃圾桶里。

◎ 第二天，智智发现垃圾桶里一堆"苍蝇"。

◎ 妈妈过来把垃圾清理好。

这不是苍蝇，是果蝇！

好多小飞虫啊！

果蝇是什么？

　　我们经常会在放在室外时间比较久的水果上面看到飞来飞去的小虫子，长得有点像苍蝇，这就是我们所说的果蝇。果蝇并不是一种特别的苍蝇，而是多种以水果和腐烂的蔬菜为食的小型蝇的统称。它们的体型较小，身长 3～4mm。果蝇的主要特征是具有一双硕大的复眼。雄性有深色后肢，末端钝，而雌性末端尖，体型也比雄性大。

果蝇在全球温带及热带气候区都非常常见，而且由于其主食为腐烂的水果，所以果园、菜市场皆可见其踪迹。由于体型小，果蝇很容易穿过砂窗进入我们的家里，因此在我们的日常生活中果蝇也很常见。大部分果蝇以腐烂的水果或植物体为食，少部分则只取用真菌、树液或花粉为其食物。果蝇类幼虫习惯滋生于垃圾堆或腐果上，所以在垃圾筒边或放的时间比较长的水果上面，只要发现许多红眼的小蝇，那都是果蝇。

果蝇和苍蝇一样也要经过卵、幼虫（蛆）、蛹、成虫四个时期。在不供给食物的情况下，果蝇可存活 50 小时左右，在不供给水的情况下，果蝇连一天都活不过去。蛹期果蝇生活周期为 5 天，期间能吃掉自身体重 3～5 倍的食物，而产卵期的雌果蝇每日可吃掉与其体重等重之食物。

为什么它们会在家里冒出来呢？

很多人觉得果蝇好像是凭空冒出来的，甚至有一种说法认为，果蝇是本来就长在水果里的，时间长了就会孵化出来。这样想真是太可怕了。实际上事实并不是如此，因为果蝇身材很小，所以无孔不入，门缝、纱窗的孔眼它们都可以轻易穿过。进入房间之后，它们就开始寻找水果，然后再依附在它们的身上。

果蝇的嗅觉很灵敏，他们能迅速的发现食物并且在食物附近聚集，而且果蝇繁殖速度非常快，所以水果在外面暴露比较长的时间之后，就会有大量的果蝇在附近出现。

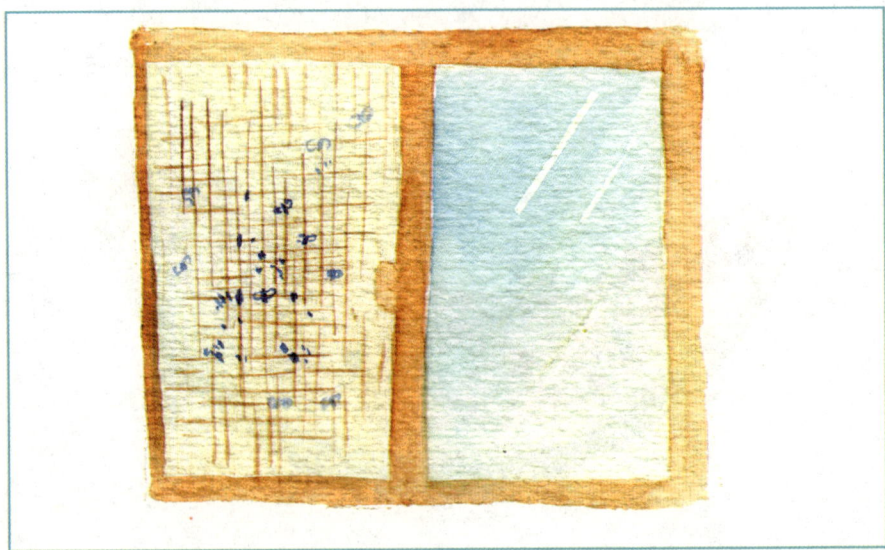

关于果蝇的科学研究

果蝇是被人类研究得最彻底的生物之一，也是最为常见的模式生物之一。果蝇分为白眼和红眼，白眼属于基因突变的结果，是位于 X 染色体的隐性遗传。果蝇被广泛用作遗传和演化的室内外研究材料，有关果蝇的遗传资料比其他动物都多。果蝇的染色体，尤其是成熟幼虫唾腺中最大的染色体，是研究遗传特性和基因作用的基础。20 世纪以来，

我也是有名的科学家呦！

果蝇遗传学在各个层次的研究中积累了十分丰富的资料，为进一步阐明基因、神经（脑）、行为之间关系的研究提供了理想的动物模型，其在遗传学研究中发挥着巨大而不可替代的作用。

作为实验动物，果蝇有很多优点。首先是饲养容易，用一只牛奶

瓶，放一些捣烂的香蕉，就可以饲养数百甚至上千只果蝇。第二是繁殖快，在25℃左右温度下十几天就繁殖一代，一只雌果蝇一代能繁殖数百只。

"现代基因学之父"摩尔根的实验室中饲养了很多果蝇，研究人员整天在侍候果蝇、观察研究果蝇，在摩尔根的领导之下，这个"蝇室"成了全世界的遗传学研究中心。他们的研究成果为全世界遗传学界所注目，他们写出的论文和著作是全世界遗传学家的必读书和重要参考文献。这个"蝇室"还培养出了许多著名遗传学家。从果蝇身上发现的遗传规律，对其他动植物、对人类也同样适用。理论上有了重要发展，在实践上也必将有重要意义。

小链接

我们都见过遥控汽车，可是你见过可以遥控的生物吗？最近科学家新培育出一种转基因果蝇，有意思的是，用激光照射可以控制他们的行为，例如让懒散的果蝇活动起来，开始爬行、跳跃或飞走。虽然遥控这种果蝇还不能像开遥控汽车那样方便，但有关方法对研究动物的神经和行为有着重要意义。

以前，科学家一般使用电极刺激神经等方法来控制生物的行为，但是这样的方法不仅不方便，还容易对生物体造成伤害。美国耶鲁大学医学院的神经生物学家将一个来自白鼠的基因植入果蝇体内，这个基因编码一种离子通道蛋白质。在环境中生物能量分子ATP的情况下，电脉冲就可以穿透细胞膜进行传递。

研究者给果蝇注射一种不活动状态的 ATP 分子，这种分子会在紫外线照射下释放出来。在用紫外线激光照射果蝇的时候，离子通道就启动了，果蝇的神经就受到了电信号刺激。

实验显示，如果该离子通道蛋白质在控制果蝇爬行的多巴胺能神经元中表达，本来懒散的果蝇在激光照射下会变得过度活跃。如果离子通道表达在控制果蝇逃跑反应的大神经中，则激光可使果蝇跳来跳去、抖动翅膀并飞走。

研究者说，这一技术可用于研究生物的许多其他行为，例如求偶、交配和进食等。

师生互动

学生：果蝇对我们的身体会有危害吗？

老师：当水果变质腐烂以后会吸引果蝇去产卵，从而产出小果蝇。果蝇倒是没什么危害，水果腐败变质了以后它才会来的。家里勤打扫，多开窗透气，特别是夏天的时候及时清理垃圾，这样就能有效的预防果蝇的滋生了。

有意思的是，科学家发现，果蝇可以成为空气质量好坏的鉴定者。果蝇对空气污染非常敏感，包括装修、汽车尾气等废气都会让果蝇非常不舒服，所以果蝇的出现也是空气质量好的一种体现呢。

吃书的虫子——衣鱼

◎ 放假了，智智在小屋里面自己看书，妈妈看到了，夸奖智智爱学习。

◎ 奶奶路过，听到妈妈说书虫，问道。

◎ 妈妈笑着告诉奶奶是听错啦，三个人笑了起来。

◎ 智智放下书问奶奶。

衣鱼是什么虫子啊？

不知道你见过没有，衣柜里面有的时候会有一种黑色或者灰色的小虫子，长得像是一条晒干的小鱼，这就是我们所说的衣鱼了。衣鱼害怕日光，白天的时候很少活动，一般只有夜深人静的时候才出来觅食，所

以我们平时很少见到他们。

衣鱼是一类较原始的无翅小型昆虫，全世界约有 100 多种。俗称蠹、蠹鱼、白鱼、壁鱼、书虫。它的身体细长而扁平，长约 4～20mm，触角呈长丝状，腹部末端有 2 条等长的尾须和 1 条较长的中尾须，咀嚼式口器。外被银色细鳞，头、胸、腹之区别不甚明显；头小，复眼细小，单眼缺如；触角细长，多节，成鞭状；口器虽退化，但善于咀嚼。胸部最阔，中胸及后胸各有气门 1 对；无翅，胸下有足 3 对。腹部 10 节，至尾部渐细，第 1～8 腹节各有气门 1 对。腹部末端有尾须 3 条，由多数环节组成。

衣鱼的种类里面还有一种毛衣鱼，于普通衣鱼不同的是，他们的身上覆盖着细密的绒毛，像身上穿了一件织好的毛衣。他们的尾部也更长一些。

衣鱼一般生活在温暖潮湿的地方。涂过糨糊的旧书堆、字画、毛料衣服和纸糊的箱盒中，甚至冰箱底部、开暖气的浴室、地砖的裂缝里、厨房墙壁缝内都可能会有衣鱼的踪影。

衣鱼对人类有什么危害呢？

说衣鱼的危害就得从衣鱼的食物说起了。衣鱼爱好富含淀粉或多糖的食物，如：胶水里的葡聚糖、糨糊、书籍装订物、照片、糖、毛发、泥土等。比如我们经常看到的损坏书画的为西洋衣鱼、啮食衣物的为敏

栉衣鱼、在厨房墙壁上爬行的为小灶衣鱼。可是衣鱼对棉花、亚麻布、丝和人造纤维等也毫不抗拒，甚至连其他昆虫尸体、自己脱的皮也是照吃不误。饥饿时甚至连皮革制品、人造纤维布匹等也吃，旧书报、字画、毛料的衣物等是衣鱼主要破坏的对象。不过衣鱼能够挨饿数个月，身体机能也不会受到伤害。

这样看来，衣鱼虽然给我们的生活造成了很多的麻烦，不过对我们人体本身是没有什么影响的。

怎样防止衣鱼破坏书籍和衣物？

衣鱼虽然给我们的生活造成了不少的麻烦，但其实是无害的。在我们的家里，衣鱼必须要有潮湿及有空隙的环境才能生存；只要环境干燥、建筑物没有裂缝，衣鱼就会自然消失。

以下有一些消除衣鱼的方法，虽然不能根除衣鱼，但是可以杀掉一部分衣鱼：混合比例为1：1的硼砂和砂糖，能有效杀除衣鱼。氯化铵水的气味应该能于24小时内驱赶衣鱼。若要捕捉衣鱼，将石膏粉洒在浸湿的白棉布上，隔夜放在房间一角，放的地方要接近衣鱼的藏身处。以下方法同样有用：可以在衣鱼藏身处旁边放一块木板，板上再放一颗稍微磨碎的马铃薯；衣鱼晚上出没时就会钻进马铃薯里面大快朵颐，次

天早上，你就可以把马铃薯连同衣鱼一起丢掉。使用樟脑丸可以让衣鱼不敢靠近。

　　不过，防止书本被衣鱼啃食，最好的方法就是经常把书拿出来翻一翻看一看。这样书才能更好地发挥它的价值。

小链接

　　我们都知道，虫子害怕樟脑丸，其实樟脑丸对人的身体也是有一定影响的。樟脑丸分为两种，人造或者是天然。虽然天然樟脑丸对人体更加友好，但天然的樟脑资源有限，一般我们常见的樟脑丸都是人造的。

　　人造的樟脑丸主要成分是一种叫做对二氯苯的物质。苯是一种有毒的化工原料，它可通过人的呼吸道被吸入，也可经皮肤、黏膜和消化道吸收。接触过樟脑丸的衣服，尤其是内衣裤等，穿着前应先在日光下晒一晒，使渗入织物内的苯受热迅速升华而挥发掉。否则，苯会破坏红细胞，导致急性溶血，表现为进行性贫血，严重的黄疸，特别严重的还可发展为心力衰竭，甚至有生命危险。所以要注意的是新生儿使用的衣服一定不要放置樟脑球。

　　所以，我们要记得尽量避免接触樟脑丸。并且樟脑丸要远离塑料玩具、食物、食具等，最好使用透气纸包装的产品，不能直接放在衣服里，否则防蛀剂的颗粒不仅会腐蚀衣物还会侵蚀身体，正确的使用方法应放置在衣柜四角。悬挂式和各种散

片结合使用效果更好。无论什么成分的防蛀剂，要注意密封使用，撒放后要将衣柜或衣橱门关紧，这样不仅毒素不宜扩散，驱虫效果也好。

在选购樟脑丸的时候，可以根据包装选择不含萘和对二氯苯的产品，这样可以减少对人体的危害。

师生互动

学生：除了衣鱼还有什么会吃我们的衣服和书呢？

老师：除了衣鱼以外，衣蛾也是一种常见的衣柜里面的害虫。我们有的时候见到柜子里面和墙壁上一个黏着水泥的纺锤形丝袋，里面就是一头深褐色的衣蛾幼虫结的茧子。衣蛾幼虫是一个小型白色的毛毛虫，以羊毛、毛发、毛皮、羽毛为食，幼虫行动缓慢。与衣鱼不同的是，衣蛾主要是破坏纺织品，对纸质棉麻和人造材料不感兴趣，在图书馆或博物馆中对图书的伤害较小，主要是会危害动物标本。衣蛾的幼虫最喜欢的是沾有食物或其他东西的衣物，衣领或衣服折叠处也可见到衣蛾的踪迹。

衣蛾的分布极广，属于鳞翅目的谷蛾科。危害衣物的主要是幼虫，成虫并不吃书。要注意的是，看到衣蛾千万不能把它按死，会发出很难闻的气味哦。

臭气熏天——臭虫

◎傍晚，智智妈在更换床单，智智在书房写作业，忽然听到智智妈一声尖叫。

◎智智跑到卧室一看，妈妈正在一手用纸巾捏着一个小虫子一手捂着鼻子。

◎智智闻到房间里面有一种奇怪的臭味凑到妈妈跟前去看那只小虫子。

◎智智妈赶紧把虫子扔到下水道里。

臭虫是什么?

可能我们很少在家里看到臭虫的踪迹，是因为他们喜欢藏在床板和壁橱里面，臭虫在我国古时又称床虱、壁虱，主要吸人血和鸡、兔等动物的血液。臭虫身体扁宽，长 4~5mm，红褐色，头部和身体有明显分

界。臭虫是分布最广泛的人类寄生虫之一，对人类危害很大。全世界已知臭虫约有 74 种，但喜欢吸人血的只有温带臭虫和热带臭虫两种。在中国，温带臭虫分布于南北各地，热带臭虫只分布于长江以南地区，两者都是危害人类健康的害虫。

臭虫的若虫的腹部背面和成虫的胸部腹面有一对半月形的臭腺，能分泌一种有特殊臭味的物质，这就是它称之为臭虫的原因。

臭虫一般群居而生，因此在适宜隐匿的场所常常发现有大批臭虫聚集。不论是幼虫，或是雌雄成虫，它们都在晚上偷偷地爬出来，凭借刺吸式的口器嗜吸人血；在找不到人血时，也吸食家兔、白鼠和鸡的血。臭虫吸血后就会找个地方藏起来，因为他们吸血需数天才能消化。臭虫的成虫能耐饥一年以上，并且非常耐旱。

臭虫吸血速度很快，5~10分钟就能吸饱。人被臭虫叮咬后，常引起皮肤发痒，过敏的人被叮咬后有明显的刺激反应，伤口常出现红肿、奇痒，如搔破后往往引起细菌感染。

臭虫会对我们人体有很大危害么？

臭虫会在夜晚偷偷爬到我们的身上吸血，它比蚊子狡猾，要等到人入睡以后才出来咬人，咬人时先将毒素注入人体体内，让人麻醉，大快

朵颐之后逃之夭夭。当我们发现自己被叮咬毒性发作皮肤发痒时，它早已经不知道逃去哪里了。因此臭虫是人类健康的直接杀手，其毒素不仅

让人无法入睡，影响工作。而且由于叮咬时将涎液注入人体，被叮咬的部分常出现荨麻疹样肿块，奇痒。如果抓挠破了皮肤，产生的伤口很容易感染，而且留下青斑；臭虫过分的叮咬可使人产生贫血、神经过敏、失眠及虚弱等症状。在非洲，有因臭虫大量吸血引起贫血，或诱发心脏病及感冒的报道。实验室证明臭虫可以携带多种病毒，长期被疑为有传播疾病的可能，如回归热、麻风、鼠疫、结核病、锥虫病、东方疖、黑热病等，严重甚至会造成死亡。

臭虫为什么会很臭呢？

臭虫的名字就来源于它非常特殊的臭味的这一特点。在臭虫身上长有一对臭腺，能分泌一种异常的臭液，此种臭液有防御天敌和促进交配

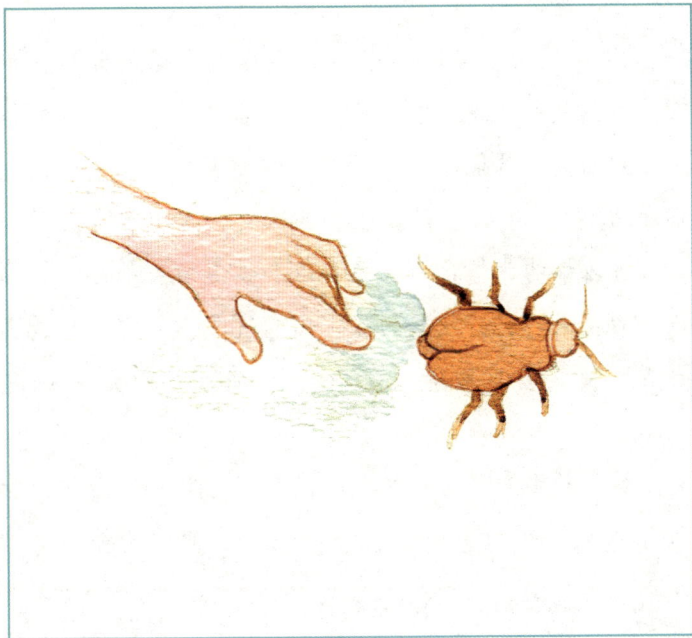

之用，臭虫爬过的地方，都留下难闻的臭气。就像我们在看到向眼前飞来的东西会眨眼睛一样，臭虫发出臭味是一种本能的反应。

如果不小心碰到臭虫，手上就会有奇臭无比的气味，很久都散不去。这个时候用香皂或者其他普通的洗涤剂可能都没什么用。最好是能用牙膏或者酒精擦拭一下触摸过臭虫的部位。平时如果看到臭虫，也最好不要用手去触摸它，以免身上染上臭虫的臭味。

小链接

夏天的时候我们会在屋里看到一种扁扁的甲虫，就是我们所说的臭大姐。臭大姐的学名叫"椿象"，也叫"蝽"。臭大姐体后有一个臭腺开口，遇到敌人时就放出臭气，也把它称为"放屁虫"、"臭姑娘"等。

"臭大姐"身上也有一种特殊的臭腺。臭腺的开口在其胸部，位于后胸腹面，靠近中足基节处。当"臭大姐"受到惊扰时。它体内的臭腺就能分泌出挥发性的臭虫酸来，臭虫酸经臭腺孔弥漫到空气中，使四周臭不可闻。臭大姐的"臭气弹"并不是什么进攻性的武器，而只是自卫和抵御敌害的烟雾，这是长期适应的结果。它一旦遇到敌害向它进攻，便立即施放臭气进行自卫，使敌害闻到臭味而不敢进犯，自己则乘机逃之夭夭。

臭大姐"的名声不好，并不仅仅是因为它臭，而是因为它们中90%以上是为害农作物、蔬菜、果树和森林的害虫。

师生互动

学生：臭虫这么讨厌，在家里我们要怎样杀灭臭虫呢？

老师：在我们的房子里，床架，蚊帐，草席，桌椅等家具和用具的缝隙是臭虫的主要栖息场所，这些地方很难被普通的杀虫剂触及，而且臭虫躲在床板里面不通空气，对以前用的杀虫剂早已产生了抗药性，所以要杀灭臭虫，我们就要更加留心。

杀虫先要做一些准备措施，那就是大扫除。整顿室内卫生，清除杂物，对容易藏着臭虫的床板缝隙，用石灰或油灰堵嵌，棉被、床垫、床板可放到强烈的太阳下曝晒4小时，并经常翻动，使臭虫因高温而逃离。

臭虫害怕高温，所以杀灭衣物和床板上面的臭虫可以用开水浸泡；对不能用开水烫泡的衣物，可用消毒粉或洗衣粉泡半个小时。

科学家通过实验证明，用高温和杀虫剂双管齐下是消灭臭虫效果最好的。把用具搬至太阳下曝晒几小时直接用倍硫磷进行喷洒，可以完全的杀灭臭虫和臭虫卵。但是要注意，倍硫磷对人体是有害的，操作完之后必须要清洗双手。

美丽的诱惑——蝶和蛾

◎放学了，老师今天布置的家庭作业是制作一个蝴蝶标本。

◎智智在回家的路上捉到一只色彩很艳丽的蝴蝶。

◎第二天智智带着做好的蝴蝶去学校，大家都夸奖智智的蝴蝶漂亮。

◎课堂上，老师却告诉智智这不是一只蝴蝶。

这只蝴蝶真漂亮啊！

今天的家庭作业做一个蝴蝶标本好了。

这是一只蛾子！

蛾子和蝴蝶会长的很像吗？

在我们的印象里，蝴蝶是色彩斑斓美丽的生物，而蛾子则是土灰色的看起来略有点恶心的家伙。怎么会把他们俩混淆了呢？

蝶，通称为"蝴蝶"，全世界大约有 14000 余种，大部分分布在美

洲，尤其在亚马逊河流域品种最多，在世界其他地区除了南北极和特别寒冷地带以外，都有分布，在亚洲台湾也以蝴蝶品种繁多著名。蝴蝶一般色彩鲜艳，翅膀和身体有各种花斑，头部有一对棒状或锤状触角。这是和蛾类的主要区别，蛾的触角形状多样。与蛾相似之点是在翅、体和足上均覆以一触即落的尘状鳞片。与蛾相异之处是蝴蝶白天活动、色泽鲜艳或图纹醒目。

蛾子则指蛾类。蛾类属于昆虫纲中之鳞翅目。种族庞大，在130000

种的鳞翅类生物中有 110000 种都是蛾子。蛾大多数都是棕色或者黑色，但也有很少的几种颜色与蝴蝶一样鲜艳美丽。

蝴蝶和蛾的相似之处

蝴蝶和蛾都属于昆虫纲中之中鳞翅目，它们一生发育要经过完全变态，即要经过四个阶段：受精卵、幼虫、蛹、成虫。

受精卵：蝴蝶的卵一般为圆形或椭圆形，表面有蜡质壳，防止水分蒸发，一端有细孔，是精子进入的通路。不同品种的蝴蝶，其卵的大小差别很大。蝴蝶一般将卵产于幼虫喜食的植物叶面上，为幼虫准备好食物。

幼虫：幼虫孵化出后，主要就是进食，要吃掉大量植物叶子，幼虫的形状多样，多为肉虫，少数为毛虫。蝴蝶危害农业主要在幼虫阶段。随着幼虫生长，一般要经过几次蜕皮。

蛹：幼虫成熟后要变成蛹，幼虫一般在植物叶子背面隐蔽的地方，用几条丝将自己固定住，之后直接化蛹，无茧。

成虫：蛹成熟后，蝴蝶从蛹中破壳钻出，但需要一定的时间使翅膀干燥变硬，这个时候的蝶和蛾最容易受到伤害。稍不慎，就有可能丢失性命。

那么要怎样区分蛾和蝴蝶呢？

蝴蝶与蛾的区分最明显的就是它们的触角。多数蝶类有顶端膨大的棒状触角。多数蛾类触角顶端呈针尖样弯曲或整个触角呈羽毛状，少数蛾类（天蛾科、斑蛾科）由于白天活动所以触角与蝶类相似。

第二点明显的区别是，蝶类四翅合拢竖立于背上休息的方式，而蛾类多数都是将四翅平铺休息。活动的时间两类也有明显的差别。蝴蝶的活动时间严格定义在白天，而蛾子会不分昼夜地飞。

另外，还有很多细节能够区分蛾和蝴蝶。

1、多数蝶类翅膀正面的鳞粉色泽亮丽，翅表面不被毛绒。少数蛱蝶科的蝶类后翅根部被有较明显的毛绒。大多数都是棕色或者黑色，很少有几种颜色与蝴蝶一样鲜艳。

2、与蛾类比较的话，会发现蝶类躯干上被毛稀疏。蛾类躯干部被毛一般都很浓密，就像天蛾科的蛾类飞行期间很容易与蜂鸟混为一谈。

3、蝶类腹面可见的后翅根部呈弧形，大多数蛾类的腹面后翅根部是平滑的，弧度很小，这跟蛾类在夜间飞行速度慢有关。蛾的蛹有茧。例如，蚕丝就是从家蚕的茧提取的，无翅缰，有助于飞行的速度提升，是因为蝶类在白天活动普遍飞行速度快于蛾类。

4、蝶的蛹赤裸，无茧。

小链接

毛毛虫

我们都知道，蝴蝶和蛾都有着一个幼小、脆弱的阶段，那就是他们在羽化之前还身为一条小毛虫的时候。对行动迟缓，没有翅膀的毛虫来说，生存是一场恶战。

就拿我们生活中最常见的菜青虫来说，他们不仅很小，身体外面还没有很坚固的防护，行动又很迟钝。很难想象在变成蝴蝶之前，他们需要经历怎样的磨砺。然而幸运的是，这些聪明的爬行动物精通伪装和防卫。研究人员发现，不同种类的毛虫或蛹都带有一对眼睛状的标记，且颜色和形状多种多样，有圆的也有狭长的瞳孔形。这些各式各样的图案表明毛虫们并没有刻意针对某种掠食者进行拟态伪装，以逃脱被捕食。

　　毛虫中有个汇总模仿高手，例如发出蛇的气味、外表伪装成枯叶、棕皮绿斑点、在胡萝卜上筑巢，等等。除了伪装，他们其中也有一些会通过有毒的体液、毛刺来保护自己。这些毛虫通过各自的绝招让自己能够存活并终有一天可以羽化成自由飞翔的蝴蝶。

师生互动

　　学生：蝴蝶和蛾这样对生态和农业有什么影响吗？

　　老师：就阶段性来说，大部分蝴蝶和蛾的幼虫阶段对人类是有害的。因虫种而各有不同，大多数幼虫嗜食叶片；有些种类喜欢吃植物的花蕾；还有一些种类蛀食嫩荚或幼果，例如豆荚灰蝶蛀食嫩豆荚，栀子灰蝶蛀食栀子幼果。此外在灰蝶科中，有少数种类的幼虫是肉食性的，例如，蚜灰蝶嗜食咖啡蚜，竹蚜灰蝶专以竹蚜为食，这种肉食性的种类在蝶类中是并不多见的益虫。

　　大型蝴蝶非常引人注意，专门有人收集各种蝴蝶标本，在美洲"观蝶"迁徙和"观鸟"一样，成为一种活动，吸引许多人参加。但是，有一部分种类的蝴蝶是农业和果木的主要害虫。但成虫蝴蝶或蛾大多数却能帮助植物传播花粉，对人类也有益处。

　　还有我们一种很熟悉的材料：丝绸，也是蛾类的创作。从古到今，饲养蚕已经成为中国传统文化中重要的组成部分，各种诗歌中也有很多对蚕的描述。

庄稼的大敌——蝗虫

◎智智和同学在放学回家的路上,看到草丛里跳过去一只虫子。

◎智智追上去捉到了蚂蚱,找了一个小瓶子装了起来。

◎回到家里,智智把装蚂蚱的瓶子给奶奶看。

◎奶奶看到蚂蚱,对智智说这是害虫,专门吃庄稼的。

就是这些小小的蚂蚱也会造成蝗灾啊！

这是我在路边抓的一只蚂蚱。

蚂蚱就是蝗虫？

　　我们平时所说的蚂蚱就是指的蝗虫，但是说蝗虫就是蚂蚱也不完全对。因为我们看到的这些蚂蚱其实是蝗虫的幼虫。

　　蝗虫是蝗科，直翅目昆虫。种类很多，全世界有超过10000种。分

布于全世界的热带、温带的草地和沙漠地区。口器坚硬，前翅狭窄而坚韧，后翅宽大而柔软，善于飞行，后肢很发达，善于跳跃。在幼虫阶段，蝗虫只能跳跃，只有到了成虫阶段才会飞。

蝗虫从幼虫到成虫要经历5次脱胎换骨。每当幼虫逐渐长大，当受到外骨骼的限制不能再长大时，就脱掉原来的外骨骼，这叫蜕皮，每蜕皮一次，算作长大一岁，即增加1龄。由卵孵化到第一次蜕皮，是1龄。3龄以后，长出明显的翅芽。5龄以后，变成能飞的成虫。可见，蝗虫的个体发育过程要经过卵、若虫、成虫三个时期，跟蝴蝶羽化不同，像这样的发育过程，叫做不完全变态。

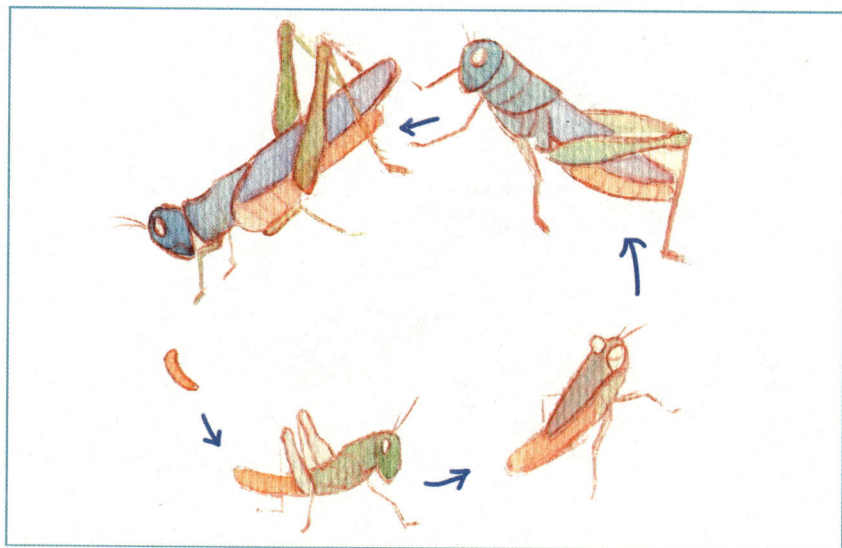

另有一种常见昆虫草蜢，又名蚱蜢，在中国北方也称蚂蚱，属无脊椎动物，昆虫纲，直翅目，蝗科，蚱蜢亚科。俗称扁担。有的时候我们会把这两种昆虫搞混，其实一般情况下蝗虫是一种统称，所以一部分蚱蜢也算作蝗虫的一类。如果要区分清楚，那就要研究他们的拉丁名字了。

蝗灾是什么？

听奶奶说，过去有的时候闹蝗灾，蚂蚱像云一样飞过来，所到之处树叶和草都被吃的干干净净，庄稼都没了，人就只能饿肚子了。可我们平时看到的蝗虫，碰到人都躲躲闪闪的，也总是躲在草丛里面，很少看到几只同时出现的。

为什么平时通常胆小、喜欢独居的蝗虫，会忽然改变习性，喜欢群聚生活，最终大量聚集、集体迁飞，形成令人生畏的蝗灾呢？

蝗虫的后腿有一个特殊的部位，当这个部位受到触碰时，蝗虫就会改变原来独来独往的习惯，变得喜欢群居。这种由撞击和摩擦产生的是一种"群聚的信息素"。牛津大学的科学家说，他们对处于独居阶段的沙漠蝗虫进行试验，反复触碰蝗虫身体的多个部位，以寻找是否有某些触觉因素使蝗虫改变习性。结果发现，当蝗虫后腿的某个部位受刺激之

后，它们就会突然变得喜爱群居，而触碰身体其他部位如触角、嘴部或腹部都不会有这种效果。

为什么干旱的时候会有蝗灾？

从古代的书籍中我们经常可以看到"旱极而蝗"的记载。干旱会使蝗虫大量繁殖，迅速生长，最后聚集成群造成灾害。这主要是有两方面的原因。

一方面，在干旱年份，由于水位下降，土壤变得比较坚实，含水量降低，且地面植被稀疏，蝗虫产卵数量大为增加，多的时候可达每平方米土中产卵 4000～5000 个卵块，每个卵块中有 50～80 粒卵，即每平方米有 20 万～40 万粒卵。同时，在干旱年份，河、湖水面缩小，低洼地裸露，也为蝗虫提供了更多适合产卵的场所。

另一方面，干旱环境生长的植物含水量较低，蝗虫以此为食，生长的较快，而且生殖力较高。

相反，多雨和阴湿环境对蝗虫的繁衍有许多不利影响。蝗虫取食的植物含水量高会延迟蝗虫生长和降低生殖力，多雨阴湿的环境还会使蝗虫流行疾病，而且雨雪还能直接杀灭蝗虫卵。因此民间有"有小麦盖棉被，来年枕着馒头睡"的说法。另外，湿润的天气会使蛙类等天敌增加，也会增加蝗虫的死亡率。

小链接

蝗虫，是那种不劳而获，只知道偷吃农民辛辛苦苦种的粮食，并且还肆无忌惮的破坏庄稼。于是后来，我们就用蝗虫来比喻那些自己不去劳动而又吞食集体劳动成果的人，因为蝗虫是侵蚀庄稼的害虫，用来比喻不劳而获、坐享其成的人是最好不过。贪污腐败的国家公职人员有时候也会被比喻成蝗虫。

还有蝗虫活动的特点是一拥而上的疯抢，有的时候也可以用来比喻一些事件或者社会现象，如现在所说的"蝗虫经济"。

师生互动

学生：蝗虫会带来这么大的危害，那要怎样才能预防蝗灾呢？

老师：防止蝗灾，不单是要减少蝗虫，还需要考虑到对生态环境的影响。过去我们经常会大量的使用农药，现在我们主

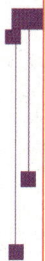

要是通过生物控制的方法。

　　蝗虫的天敌有很多，其中包括我们饲养的家禽：鸡、鸭、鹅。如果在附近放养一些这些家禽，就可以大量的捕食蝗虫，而且这些鸡鸭鹅会各个膘肥体壮，是一举两得的好方法。当蝗虫数量实在过多的时候，也可以投放高效低毒的农业和生物农药。还可以用微孢子虫让蝗虫生病来减少蝗虫的数量。

　　上面说的都是蝗灾发生之后的补救措施。应对蝗灾，更重要的是预防，第一是兴修水利，做到旱涝无灾。第二要做到大面积荒滩垦荒种植，改变蝗虫的栖息环境，减少发生基地的面积。第三是植树造林，改变蝗区小气候，减少飞蝗产卵繁殖的适生场所。最后提高耕作和栽培技术，达到控制蝗卵的作用，因地制宜，改变作物的布局，减少蝗害。

米袋子里的偷吃狂——米象

◎ 妈妈下班回家准备做饭，智智自告奋勇要帮妈妈做饭。

◎ 妈妈让智智帮助洗米，智智发现洗米的水里面飘着几只黑色的小虫子。

◎ 妈妈过来看了一下告诉智智，这种虫子叫做米象。

◎ 妈妈说，米放的时间长了就会生虫子，只要把米放在密封的罐子里就好了。

> 这种虫子叫米象,大米密封起来就不会生虫啦!

> 妈妈,大米生虫子了!

米象是什么?

米象就是我们经常在米袋子里面看到的黑色的小虫子,是贮藏谷物的主要害虫之一。成虫啮食谷粒,幼虫蛀食谷粒内部。危害米、稻、麦、玉米、高粱等。米象有 3 种是世界各地共通的种类,其中玉米象和

米象体色为褐色或黑褐色；翅鞘前后共有 4 块不明显的橙色斑，区分鉴定困难。谷象体色则为单纯褐色或黑褐色。这 3 种微小的象鼻虫是贮粮谷物的大害虫，也就是俗称的米虫。有些地方也称为"铁鼓牛"。

米象的成虫体长 2.4～2.9mm，宽 0.9～1.5mm，体卵圆形，红褐至沥青色，背无光泽或略具光泽。头部刻点较明显，额前端扁平。喙基部较粗。触角生于基部三分之或者四分之一处，顶端圆形。前胸长宽约相等，基部宽，向前缩窄，背面密布圆形刻点。小盾片心形，有宽纵沟。鞘翅肩明显，两侧平行；行纹略宽于行间，行纹刻点上各具 1 根直立鳞毛；每鞘翅基部和翅坡各有 1 椭圆形黄褐至红褐色斑。

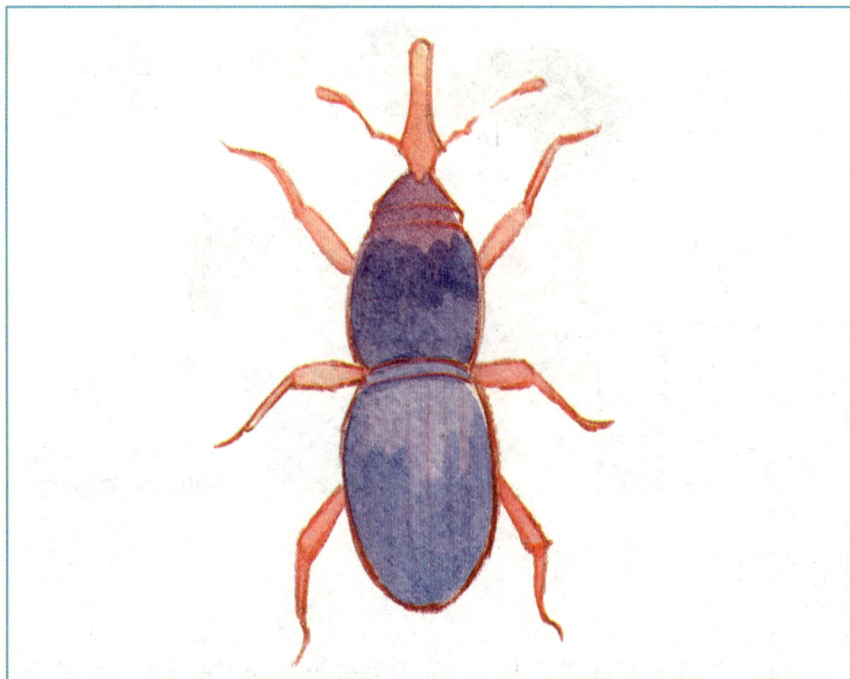

米象的主要危害是什么？

米象的危害主要是针对储存的谷物，大米、玉米，等等。米象的成虫会用嘴在米上咬一个很深的洞，并在孔里产卵。一般情况下一粒米只产一枚卵，有的时候也会是几粒。幼虫在米粒里渐渐孵化之后以谷粒为食，将谷粒蛀穿成弯曲的隧道，并逐渐吃成中空的壳子。不过米象的幼虫很爱干净，他们会把粪便排在外面。等长成成虫之后，米象可以短距离的飞行，寻找新的食物。

世界各国每年因虫害造成的损失约占粮食总产量的 5% ~ 10% 。储粮被这些害虫危害后，不仅数量上有巨大损失，而且质量上也大受影响。在我们平时淘米的时候，如果看到很多粉末状的东西，而且洗米水里面有一些黑色的虫子，那么这些米就已经被米象侵害了。

怎样防治米象呢？

　　最好的防治方法是保持厨房的干净整洁。家里可以选择使用密封的容器来储藏粮食，比如用过的油桶、水桶，密封袋，等等。不过要注意，这些容器一定要清洗干净，并且晾干，不然的话粮食也是会放坏的。

　　如果是大型仓库储存的话，可以用以下的方法：

　　彻底打扫仓库，用磷化铝等药剂熏蒸，这些东西都能有效杀灭米虫。可以清洁仓库，改善贮存条件，堵塞各种缝隙，可减少为害。还可以改进贮藏技术，如在粮堆表面覆盖一层 6～10cm 厚的草木灰，用塑料膜或牛皮纸隔离；如已发生虫害，要先把表层粮取出去虫，使其与无虫粮分开，防止向深层扩展。必要时在入仓前暴晒也可达到防虫目的。最直接有效的板房用药剂触杀和重蒸，每 40 千克粮食用粮虫净 4～5 克，防效可达 85%，此外，用磷化铝熏空仓，熏 4 天后防效可达 95%。

小链接

其实，除了米虫之外，还有一些其他偷吃米的虫子，下面我们就来慢慢认识吧！

谷蠹：也叫"米长蠹"。贮藏谷物的重要害虫，长蠹科。成虫体长约 2.6mm，暗褐色，头部隐藏于前胸下面与胸部垂直，触角末端三节膨大呈片状；前胸圆筒形，背面有小刺。幼虫体形弯曲，头部细小，胸部肥大，全体疏生淡黄色微毛。一般年生 2 代。分布于南北纬 40° 以内地区。中国发生在淮河以南地区。贮粮的重要害虫。除谷类外，还为害豆类、植物性药材。幼虫在仓库内喜寻木质板壁，蛀孔化蛹，造成仓木的严重破坏。此虫在取食谷粒时大量咬碎颗粒，使贮粮遭受更多的损失。在野外，它生活在树木内。

小型至中型谷盗：长椭圆形或细长与宽扁，背面光滑，黄褐与深褐色。前口式，上颚发达，复眼小。触角较细，棒状。具发达的口器，端部有尾钩 1 对。为害贮粮、豆类、干果、药材、谷物制品与蕈类，部分种类为捕食性。

大谷盗：有名的贮粮害虫，它的幼虫也捕食其他谷物中的昆虫。暹罗谷盗是分布较温暖地区的种类，为害贮粮，有群居性，常伴随其他害虫大量发生。该科昆虫除仓库的种类外，多栖息于树皮下、蕈类或尘屑中。幼虫性活泼，外形似脉翅目的幼虫，大部分为捕食性。

拟谷盗：面粉里常出现拟谷盗，它们比米虫要大一些，身体红褐色，成虫有一个方方的背部，通常有两种：赤拟谷盗和杂拟谷盗混生。与米虫一样，拟谷盗也喜欢躲在角落里。在气温升达28～30℃时，它们就大量繁殖，每头雌虫可产卵1000粒。加速面粉霉变而不能食用。此外，赤拟谷盗还在人参，大米、玉米，酒曲等物品中出现，使这些食品在食用时受到影响。

师生互动

同学：被米象吃过的米我们还可以吃么？

老师：米象本身并不携带对人体有害的病菌，所以蛀过的米在经过筛和淘洗的工序之后还是可以吃的，质量就严重受到影响。不过对于要留作种子的米来说，米象就是致命的了，因为会严重影响种子的发芽率，影响农业生产。所以我们在储存粮食的时候一定要注意防治米象和其他谷盗的发生。

软绵绵滑溜溜——蛞蝓和蜗牛

◎智智在厨房帮着妈妈洗菜。

◎智智在菜叶子上面发现一种奇怪的生物，像是一条蜗牛，却没有壳子。

◎妈妈看到，告诉智智它叫做蛞蝓，跟蜗牛不是一种生物。

◎妈妈把它放在小碗里面撒上盐。

这是只蛞蝓。

咦！这是什么？

蛞蝓是什么？是脱掉壳子的蜗牛吗？

　　有的时候我们会在家里种的花上或者菜叶子上看到一种长得很像蜗牛的生物，它叫做蛞蝓，又称水蜒蚰，中国南方某些地区称蜒蚰，俗称鼻涕虫，是一种软体动物，与部分蜗牛组成有肺目。雌雄同体，外表看

起来像没壳的蜗牛，体表湿润有黏液。取食草莓叶片成孔洞，或副食草莓果实，影响商品价值。是一种食性复杂和食量较大的有害动物。中国古代也称蜗牛为蛞蝓，是中国画的题材之一。

蛞蝓成虫体伸直时体长 30～60mm，体宽 4～6mm；内壳长 4mm，宽 2.3mm。长梭型，柔软、光滑而无外壳，体表暗黑色、暗灰色、黄白色或灰红色。触角 2 对，暗黑色，下边一对短，约 1mm，称前触角，有感觉作用；上边一对长约 4mm，称后触角，端部具眼。口腔内有角质齿舌。体背前端具外套膜，为体长的三分之一，边缘卷起，其内有退化的贝壳，也就是盾板，上有明显的同心圆线，即生长线。同心圆线中心在外套膜后端偏右。呼吸孔在体右侧前方，其上有细小的色线环绕，黏液无色。在右触角后方约 2mm 处为生殖孔。卵椭圆形，韧而富有弹性，直径 2～2.5mm。白色透明可见卵核，近孵化时色变深。幼虫初孵幼虫体长 2～2.5mm，呈淡褐色。

蜗牛也是害虫么？

其实我们平时所说的"蜗牛"并不是生物学上一个分类的名称。一般指大蜗牛科的所有种类动物，广义的也包括腹足纲其他科的一些动物，这其中自然也包括蛞蝓等。一般西方语言中不区分水生的螺类和陆生的蜗牛，汉语中蜗牛只指陆生种类，虽然也包括许多不同科、属的动物，但形状都相似。

蜗牛有一个比较脆弱的，低圆锥形的壳，不同种类的壳有左旋或右旋的，头部有两对触角，后一对较长的触角顶端有眼，腹面有扁平宽大的腹足，行动缓慢，足下分泌黏液，降低摩擦力以帮助行走，黏液还可以防止蚂蚁等一般昆虫的侵害。蜗牛一般生活在比较潮湿的地方，在植物丛中躲避太阳直晒。在寒冷地区生活的蜗牛会冬眠，在热带生活的种类旱季也会休眠，休眠时分泌出的黏液形成一层干膜封闭壳口，全身藏在壳中，当气温和湿度合适时就会出来活动。

蜗牛几乎分布在全世界各地，不同种类的蜗牛体形大小各异，非洲大蜗牛可长达30cm，在北方野生的种类一般只有不到1cm。

有意思的是，蜗牛是世界上牙齿最多的动物。虽然它的嘴大小和针尖差不多，但是却有26000颗牙齿左右。在蜗牛的小触角中间往下一点儿的地方有一个小洞，这就是它的嘴巴，里面有一条锯齿状的舌头，科学家们称之为"齿舌"。

食用软黄金？

蜗牛是一种食用、药用和保健价值都很高的陆生类软体动物，其食用和药用历史已经有两千多年。在国外，蜗牛是世界七种走俏野味之一，列国际上四大名菜（蜗牛、鲍鱼、干贝、鱼翅）之首。我们在西

餐厅里面总能见到法式焗蜗牛这样的菜式，在法国有"法式大菜"之誉。甚至在欧美等国的圣诞节中，几乎到了没有蜗牛不过节的地步。

蜗牛的肉嫩味美，营养丰富。据测定，每 500 克蜗牛肉中含蛋白质 90 克及氨基酸、维生素、钙、铁、铜、磷等多种人体所需要的营养素，是一种高蛋白、低脂肪食品。蜗牛性寒、味咸。有清热、消肿、解毒、利尿、平喘、软坚等功能。对糖尿病、咳嗽、咽炎、腮腺炎、淋巴结核、疮痛、痔疮、蜈蚣咬伤等疾病有一定疗效，因此被美食家誉为美味珍馐，保健佳品。

小链接

天敌

蜗牛是高蛋白低脂肪的上等食品，所以在野外大田养殖时，鸡、鸭、鹅、牛、猪、狗、羊等家畜禽，及乌鸦、老鼠、蛙类、龟、蛇、蛞蝓、蚤蝇、步行虫、蟾蜍、豹、灌、蚂蚁、蜻类、真菌等都能侵害蜗牛。

不过你可能想不到，蜗牛最致命的天敌是萤火虫（幼虫蚕食蜗牛身体，成虫在蜗牛身体内产卵）。萤火虫会注射一种毒素使蜗牛在毫无警觉时被麻痹，然后慢慢变成液体，供萤火虫享用，和蜘蛛消化他们的食物一样。常见的天敌还有蜗牛步甲和老鼠，一些不容易发现的天敌有一些寄生蜂还有"粉螨"。他们以蜗牛或者蛞蝓的体液和表皮外套膜为食，短时间内伤害不大，如果成规模就对蜗牛造成致命的危害。人工养殖条件下危害较大的几种是蚤蝇、壁虱、蚂蚁、老鼠、萤火虫、步行虫、鸟类等。因此，你家要是养蜗牛的话，就一定要注意这些了。

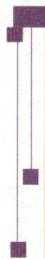

师生互动

　　学生：我们有的时候形容行动很迟缓就说它爬的像蜗牛一样慢，实际上蜗牛是爬行速度很慢么？

　　老师：蜗牛与蛞蝓一样，腹面有长而扁平的足，借肌肉收缩而前进，前进时分泌黏液，干后闪闪发亮。这种特殊的结构会使得它们无法像大部分动物一样很迅速的移动。

　　我们可以做一个有趣的观察实验，测定蜗牛爬行速度：把一只蜗牛放在干燥地面，它每分钟移动9～13厘米；爬到遮阴地面时速度减慢，每分钟移动6～8厘米；再爬到有薄水层的地面时速度加快，每分钟滑行25～30厘米。西方有些国家每年都举行蜗牛赛跑。1985年西班牙举行蜗牛赛跑，有8个国家68只蜗牛选手参加，在竞赛角逐中，西班牙一只参赛蜗牛获得冠军，它在5分钟内跑完了124厘米。

隐形杀手——蜱虫

◎晚上，一家人在家里看电视。

◎新闻里面播出了一种会咬死人的虫子，叫做蜱虫。

◎智智奇怪地问妈妈。

◎妈妈告诉智智，他们小的时候见过这种虫子，现在住在城市里面已经很少见了。

> 这种害虫叫蜱虫……
>
> 新闻联播
>
> 不要害怕
>
> 蜱虫是什么啊?

蜱虫是什么?

听起来如此恐怖的蜱虫到底是什么呢?蜱虫也叫壁虱,俗称草爬子、狗鳖、牛虱、草蜱虫等,全世界已发现的约800余种,计硬蜱科约700多种,软蜱科约150种,纳蜱科1种。蜱虫是许多种脊椎动物体表

的暂时性寄生虫，是一些人兽共患病的传播源头和贮存宿主。蜱虫的蜱字，从字面上面的意思来看就是"从属于宿主的虫子"、"寄宿性虫子"。

蜱虫常常存在于浅山丘陵的草丛、植物上，或寄宿于牲畜等动物皮毛间。它们特别喜欢皮毛丛密的动物，尤其喜欢黄牛。如果我们仔细观察黄牛的脖子下方、四腿内侧，就会发现有很多蜱虫。蜱虫多时会聚集成群，并且非常不容易剔除。在四川、云南、贵州等的农村蜱虫是非常常见的。

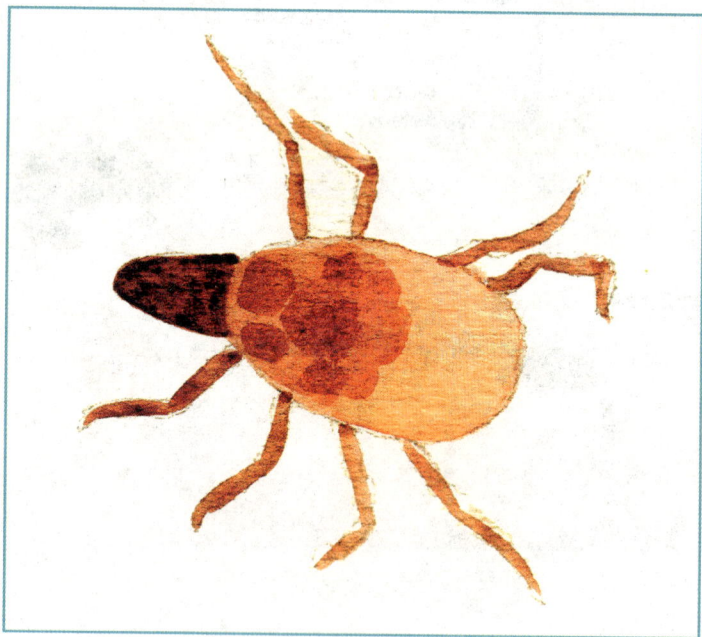

蜱虫的生长分卵、幼虫、若虫和成虫四个时期。成虫吸血后交配落地，爬行在草根、树根、畜舍等处，在表层缝隙中产卵。雌蜱产卵后就干死了，雄蜱一生可交配数次。蜱虫的卵呈球形或椭圆形，常堆集成团。在适宜条件下2～4周内就能孵出幼虫。幼虫形似若虫，但体小，

有 3 对足，幼虫经 1 ~ 4 周蜕皮为若虫。若虫有 4 对足，无生殖孔。再到宿主身上吸血，落地后再经 1 ~ 4 周蜕皮而为成虫。硬蜱完成一代生活史所需时间由 2 个月至 3 年不等；多数软蜱需半年至两年。硬蜱寿命自 1 个月到数十个月不等；软蜱的成虫由于多次吸血和多次产卵，一般可活五六年，有的还能活十年呢！

吸血鬼皮皮

蜱从生下来就以吸血为生。幼虫、若虫、雌雄成虫都吸血。宿主包括陆生哺乳类、鸟类、爬行类和两栖类，有些种类也会在人体上面寄宿。蜱虫可以作为宿主的动物非常多，包括哺乳类 200 种，鸟类 120 种和少数爬行类。硬蜱多在白天侵袭宿主，吸血时间较长，一般需要好几

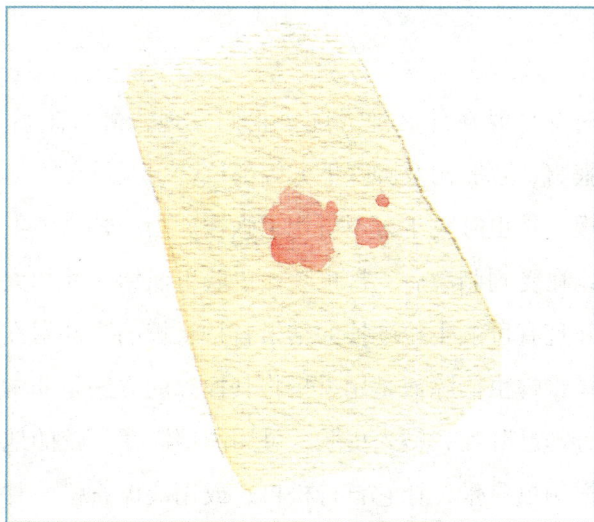

天。软蜱多在夜间侵袭宿主，吸血时间较短，一般数分钟到 1 小时。在吸血过后，蜱虫的体型会增大，有的品种甚至会变大 100 多倍。一般情

况下蜱虫不吸血时，小的才干瘪绿豆般大小；吸饱血液后，有饱满的黄豆那么大。

蜱在叮刺吸血时没有明显的疼痛感觉，但由于螯肢、口下板同时刺入宿主皮肤，可造成局部充血、水肿、急性炎症反应，还可引起继发性感染。由于该病的初期症状即为发热，可能会被患者或医生当作感冒，还伴有白细胞、血小板减少和多脏器功能损害为主要特点，潜伏期1~2周，主要表现为全身不适、乏力、头痛、肌肉酸痛以及恶心、呕吐、厌食、腹泻等。

有些硬蜱在叮刺吸血过程中会通过唾液注入神经毒素，影响宿主的神经纤维和肌肉组织，严重的可导致呼吸衰竭而死亡，称为蜱瘫痪。多见于儿童，要是能及时发现，将蜱除去，症状即可消除。此外，蜱虫能够传播森林脑炎、新疆出血热等多种传染病。很可怕哇！

被蜱虫叮咬到了怎么办呢？

蜱虫平时都会躲在什么地方呢？我们发现，蜱常附着在人体的头皮、腰部、腋窝、腹股沟及脚踝下方等部位。

如果发现被蜱虫叮咬千万不可用手强拔。因为蜱虫体上可能含有传染性病原体，在受到刺激后，蜱虫会往皮肤里面钻，并加大剂量地释放蜱虫唾液。并且有可能生拉硬拽的结果就是将蜱的头部留在皮肤内。所以直接用工具将蜱虫摘除或是用手指将其捏碎的方法是非常不正确的。

若发现有蜱已叮咬、钻入皮肤，可用酒精涂在叮咬的地方，或在蜱虫旁点蚊香把蜱虫熏晕，让它自行松口；或用液体石蜡、甘油涂抹蜱虫的头部，使其窒息，使蜱头部放松或死亡，再用尖头镊子取出蜱。被蜱虫叮咬以后要用碘酒或酒精做局部消毒处理，并随时观察身体状况，如出现发热、叮咬部位发炎破溃及红斑等症状，要及时就诊，诊断是否患

上蜱传疾病，避免错过最佳治疗时机，另外，千万要注意，不要在被咬时用水冲它。

蜱类寻觅宿主的方式

蜱虫是怎么感觉到有人或者在靠近的呢？这来源于它们敏锐的嗅觉。和蚊子一样，它们对动物产生的汗液和二氧化碳的气味非常敏感。大部分时候，蜱虫潜伏在草丛、灌木里面，有的蜱虫也在墙壁或者家具里面躲藏。当人或者动物在它们"雷达"范围之内的时候，它们就迅速的爬到宿主的身上。这个范围能达到15米之多。

蜱虫本身的活动范围并不是很大，但是会跟随宿主一起活动。动物的迁徙，尤其是鸟类的迁徙，对蜱类的散播起着重要作用。

师生互动

学生：蜱虫会咬死人，这也太吓人了。我们要怎么避免被蜱虫叮咬到呢？

老师：

避免叮咬首先要做到的是全面的防护，尽量减少皮肤的暴露。进入有蜱地区要穿紧身服，长袜长靴，戴防护帽。外露部位要涂布驱避剂，离开时应相互检查，勿将蜱带出疫区。在户外钓鱼也应要扎紧裤管。而在户外旅行的游人要注意穿着长衣长裤，勿入杂草树木丛中。

另外，人体以外的其他动物也需要注意防蜱。比如，在户外甚至小区草坪遛狗时，由于蜱虫易叮咬爱犬，会把蜱虫带至家中。

其实我要知道的是，蜱虫的叮咬并不是想象中那么可怕。并不是所有人都会发病，一般情况下就算发病，只要及时治疗也都可以治愈。由于中老年人更容易在叮咬后发生感染，所以要特别注意。

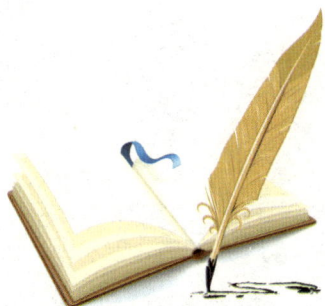

无处不在——螨虫

◎夏天到了，智智最近不知道为什么身上
起了一些小红疙瘩，又红又痒的。

◎妈妈看到了，告诉智智不要用手去抓，
涂点药膏就好了。

◎妈妈告诉智智，这些是螨虫咬的小包

◎太阳出来了，妈妈和智智一起把家里的
被褥拿去阳台晒。

螨虫是什么?

　　智智并没有看到虫子,身上怎么会起小红疙瘩了呢?是像妈妈说的被螨虫咬到了么?

　　螨虫是一种肉眼不易看见的微型害虫,身体只有不到 1mm 大,一般只有通过显微镜才能看到他们。螨虫和蜘蛛是近亲。身体是圆形或椭圆形，腹面光滑，仅有少数刚毛和4对锥子型的足、一对触须，无翅和触角，前两对足和后两对足隔的非常远，看起来像是一个胖胖的馒头上面插着小短腿。

世界上已发现螨虫有50000多种，仅次于昆虫。广义上的螨可以说无处不在，遍及地上、地下、高山、水中和生物体内外，与我们生活密切的仅仅有40余种。当春天阳光变得暖和起来的时候，这些小小螨虫就开始兴风作浪了。其尸体、分泌物和排泄物都是过敏原，进入人体呼吸道或接触皮肤后，脸部出现红斑、毛孔扩大，皮肤粗黑、打喷嚏、流鼻涕、鼻塞、咳嗽、甚至气喘等症状就都来了。尤其是小孩，特别是儿童。因为他们对螨虫及它的分泌物比较敏感，很容易产生过敏的症状。

螨虫是无处不在的吗？在我们的身上都有螨虫吗？

事实就是如此，有调查表明，成年人约有97%感染螨虫，其中以尘螨为主。儿童也非常容易感染螨虫，并且极易出现过敏反应。可以想象一下，每天晚上大约有200～5000只螨虫在你的脸上爬来爬去，真是非常恶心啊。

日常生活中最常见的螨虫是尘螨，也是会对我们影响最多的一种。尘螨的尸体、分泌物和排泄物都是可致病的过敏原。它们分布在地毯、沙发、毛绒玩具、被褥、坐垫、床垫和枕芯等处孳生，以人的汗液、分泌物、脱落的皮屑为食，繁殖速度极快。其次还有：粉螨，主要在贮存的食品和粮食中繁殖；蠕螨，主要寄生在人的毛囊和皮脂腺中，如鼻、耳、头皮、前胸、后背、耳道等地方；疥螨，寄生于人和哺乳动物的皮

肤表层。

成年人螨虫感染率很高，感染螨虫的皮肤通常情况下表现为较轻的症状，例如多油、毛孔粗大伴有黑头、小红疙瘩或红色丘疹、皮肤瘙痒或脱皮等，重度感染者会引发螨性酒糟鼻和变态反应性疾病。

螨虫是通过怎样的途径传播的呢？

螨虫一般通过皮肤或者呼吸道系统进行传播，如果是不讲究个人卫生也会通过他人的物品进行交叉传染。

尘螨主要滋生在居家环境的卧具如床垫、被褥、枕头、沙发及地毯之中，这些螨虫几乎无处不在，衣物、被褥上面尤其是很多。所以定期晾晒被褥能够减少尘螨的滋生和传播。

蠕螨和疥螨会寄生在人体皮肤表皮角质层间，啮食角质组织，并以其螯肢和足跗节末端的爪在皮下开凿一条与体表平行而迂曲的隧道，雌虫就

在此隧道产卵。一般是晚间在皮肤表面交配，然后躲进皮肤里产卵。如果接触到感染了螨虫的皮肤，就很有可能被感染，使用螨虫感染者的被褥毛巾等，也会感染螨虫。另外，野生和家养的动物也会携带螨虫。

小链接

叶子上的螨虫：红蜘蛛！红蜘蛛，你能在家里的花草上看到的红色的小虫子就是它。它俗称大蜘蛛、大龙、砂龙等，学名叶螨，分布广泛，食性杂，可危害110多种植物。

在栽培花卉过程中，红蜘蛛是常见的破坏者，受其害的有月季、米兰、茉莉、金橘、海棠、桂花、佛手等花。这种虫子个体很小，不到1mm，圆形或卵圆形，橘黄色或红褐色，由于体小不易发现，一旦发现其危害时，往往花卉受害已是比较重了。这种虫子危害方式是以口器刺入叶片内吮吸汁液，使叶绿素受到破坏，叶片呈现灰黄点或斑块，叶片橘黄、脱落，甚至落光。在叶面上偶尔会看到一些细蛛网。

红蜘蛛也是枣树最大的害虫之一。在北方枣区，1年发生10代以上。繁殖方式主要为两性繁殖，每只雌成螨平均日产卵6~8粒。10月中、下旬，雌螨迁至树皮缝隙、杂草根际及土块下等处越冬。此时螨体为橙红色，体侧的黑斑消失。翌年4月下旬，越冬红蜘蛛开始活动，5月下旬开始危害。6月份，早春杂草寄主成熟、枯萎，小麦收割后，环境改变，气温升高，红蜘蛛大量向枣树上转移，并逐渐向树顶和外围扩散危害，6~8月份危害最重。

师生互动

学生：我们要怎样做才能不让螨虫影响我们的生活呢？

老师：螨虫在自然界是非常普遍存在的，比如在空气、灰尘中都可以含有螨虫及它的分泌物、有些人对它比较敏感，也有些人不会引起一些过敏性疾病，所以需要正确认识和对待它。预防螨虫首先保持空气干燥、通风。尽量减少灰尘。其次及时、定时清理居住环境中多灰尘的死角，比如：空调过滤网、床垫、地毯、养花及养鱼的场所。使用空调时，定时开窗流通空气。另外要注意，在居室内少用地毯。经常晾晒能达到杀死螨虫的目的。

在空调房间中工作的人；小孩，特别是儿童；户外活动比较多的人，尤其要注意螨虫的预防。需要注意的是，对已经感染螨虫的人来说，需要使用专门的药物进行擦洗。

肚子里的"虫子"——蛔虫

◎智智感冒了，去医院打吊针。

◎智智看到旁边一个小朋友面黄肌瘦的，还不停地呕吐，于是问妈妈他是怎么了。

◎智智妈妈告诉智智，那个小朋友肚子里生虫子了。

◎智智妈妈告诉智智，蛔虫是一种寄生在人类肚子里的害虫。

蛔虫是会传染的，回家吃饭之前一定要洗手哦！

她得了蛔虫病。

她是生什么病了啊？

蛔虫是什么？

　　老人经常说肚子里的蛔虫，那蛔虫是什么呢？蛔虫是我们人体内最常见的寄生虫之一，是人体肠道内最大的寄生虫。蛔虫寄生在我们的小肠里，虫卵随粪便排出，然后在体外发育成有感染性的卵。当这些卵被

人吃到后，就会在小肠里孵出幼虫，经血液循环到达肺，再进入消化道渐渐发育为成虫。蛔虫长成圆柱长条形，略带点粉红色或微黄色，身体表面有横纹，两端稍微细点，看上去非常像是蚯蚓。

蛔虫的发育过程包括有两个阶段：虫卵在外界土壤中的发育和虫体在人体内的发育。受精蛔虫卵散布在土壤中，在适宜的条件下，经过2周左右就可以从虫卵内的细胞发育为幼虫。再经过1周，幼虫进行第一次蜕皮后变为二期幼虫。这个时候的卵称为感染期卵。如果人们误食了感染期卵，幼虫就会在小肠里孵化出来。幼虫随着血液循环先进入肺泡，在这里进行第二次和第三次蜕皮，变成的第四期的幼虫。然后，这些幼虫从支气管、气管里面爬到喉咙里，被吃下去到胃里，随后回到小肠。它们在小肠里面再蜕皮一次，几周后就变成成虫了。

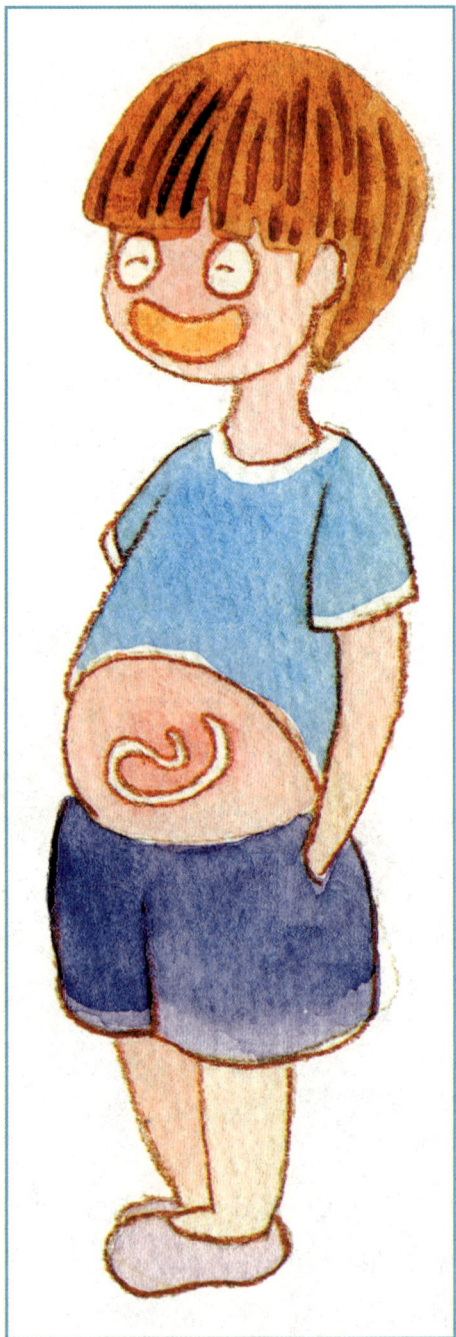

从人体被蛔虫感染到卵长成成虫再次产卵，只需要 60~75 天的时间。一条雌性蛔虫一天就可以产多达 24 个卵，而成虫在我们人体能活一年左右的时间。

蛔虫会对我们的身体造成很大的危害吗？

在我们肚子里面生长的蛔虫，不管是成虫还是幼虫对人体都会让我们生病。二期幼虫在人体内游走的时候会引起组织损伤，造成发热、咳嗽、咯血、哮喘等症状。有的时候，蛔虫病患者还可能会出现荨麻疹、皮肤瘙痒、血管神经性水肿，以及结膜炎等症状。

不过蛔虫主要的危害还是在成虫的时期。蛔虫不仅像我们想象中一样抢夺我们吃掉的食物和里面的营养，还会代谢出一些有毒的东西，损

renleideshenmilinju

伤我们肠子上面的黏膜，这样就会造成食物消化和吸收的障碍。造成营养不良。所以有的时候老人家看到瘦瘦小小的孩子总会说，是不是肚子里有虫子啦。不仅是营养不良，蛔虫还会让我们食欲不振、恶心呕吐，甚至会让小朋友发育迟缓和障碍。

蛔虫有个坏习惯，就是到处钻孔。在人体发热、吃了辛辣食物的时候，蛔虫也会受到刺激变得活跃起来，这时候就会到处找管道去钻，比如胆道、胰管、阑尾等，所以还会引起胆道蛔虫症、蛔虫性胰腺炎，阑尾炎或蛔虫性肉芽肿等。

我们是怎么感染蛔虫的呢？

蛔虫遍布全世界各个地方，尤其在温暖潮湿和卫生条件差的地区，得蛔虫病的人更多。蛔虫感染率，农村高于城市，儿童高于成人。就算是现在，中国多数地区农村人群的感染率仍高达60%～90%。

蛔虫的传染源是人。当受感染的人排除有虫卵的粪便之后会，蛔虫卵在外界环境中不需要再接触到人体就可以直接发育为感染期卵。而且，蛔虫产卵量大，虫卵的自然生存能力也很强。

当人因接触被虫卵污染的泥土、蔬菜，吃进去了在手指上的感染期

卵，或者吃到被虫卵污染的生的蔬菜瓜果或者泡菜就会被感染。

感染蛔虫的几率和季节有一定的关系，一般春天和夏天是耕作期而且天气比较温暖，人就更容易被蛔虫感染。不过，蛔虫的大范围的感染，还与经济条件、生产方式、生活水平以及文化水平和卫生习惯等社会因素有密切关系。所以，发展经济、提高文化水平和养成良好的卫生习惯，就会使人群蛔虫的感染率大为降低。

小链接

我们怎么才知道自己的肚子里有没有蛔虫呢？

得了蛔虫病的人，自己是不是有感觉呢？

在蛔虫还是幼虫的时候，人体并不会有很大的反应，除非一次性吃了太多的虫卵，有可能会引起蛔虫性肺炎、哮喘和嗜酸性粒细胞增多症。一般蛔虫会引起的最明显的反应是肚子疼，尤其是肚脐眼周围，按压的时候反而没有痛感。还常有食欲减退与恶心、消化不良，烦躁不安、荨麻疹等，时而腹泻或便秘。老人常说，小孩磨牙与蛔虫病也有关系，还有如惊厥、夜惊、异食癖等都是疑似有蛔虫的表现。

要检查是否被蛔虫感染，最直接的办法是在排出的便中检查出虫卵。由于蛔虫产卵量大，采用直接涂片法。把粪便直接涂开用显微镜观察，查一张涂片的检出率为80%左右，查3张涂片可达95%。阴性反应者，也可采用沉淀集卵法或饱和盐水浮聚法，检出效果更好。

要是粪便中查不到虫卵，而又表现疑似蛔虫病者，可用驱虫治疗性诊断。在吃了驱虫药之后，可以根据患者排出虫体的形态进行鉴别。如果怀疑是肺蛔症或蛔虫幼虫引起的过敏性肺炎的患者，可检查他们的痰，其中只要有蛔蚴就可确诊。

师生互动

学生：如何防治蛔虫病？

老师：防治蛔虫病，首先是要注意卫生。做到饭前便后洗手，不啃咬手指或者生吃未洗净的蔬菜及瓜果，不喝生水，防止食入蛔虫卵，减少感染机会。

第二是要防止食物被蛔虫污染。使用无害化人粪做肥料，防止粪便污染环境。

第三是要对病人及时治疗。驱虫治疗既可降低感染率，减少传染源，又可改善儿童的健康状况。驱虫时间最好在感染高峰之后的秋、冬季节，学龄儿童可采用集体服药。为了防止再次感染的可能，最好每隔3～4个月驱虫一次。

恼人的"嗡嗡嗡"——苍蝇

◎阳光明媚，智智和爸爸妈妈在吃午饭。

◎忽然飞过来一只苍蝇，歇在饭菜上。

◎智智连忙用手赶走了苍蝇，可是不一会
　儿又飞回来了。

◎智智爸用电蚊拍拍死了苍蝇。

苍蝇是从哪里来的呢？

大家吃饭的时候有没有遇到过这样的经历呢？总有一些讨厌的苍蝇过来跟我们抢东西吃，一赶它就飞走了，没过一会马上就又回来了，而且总是跟轰炸机似的嗡嗡嗡的吵个不停。其实苍蝇小时候是不会飞的，它与蝴蝶、蛾子一样，也是由在地上爬的小虫子变成的。苍蝇的一生要经过卵、幼虫（蛆）、蛹、成虫四个时期，各个时期的形态完全不同。在合适的温度和环境下，苍蝇卵就会孵化出幼虫，也就是蝇蛆。在生态系统中，蛆扮演着分解者的重要角色。蝇蛆发育成熟后就停止吃东西，钻到疏松的泥土里开始化蛹。再经过一段时间以后，苍蝇就会从蛹中钻出来，并且多了一对翅膀，就可以飞了。

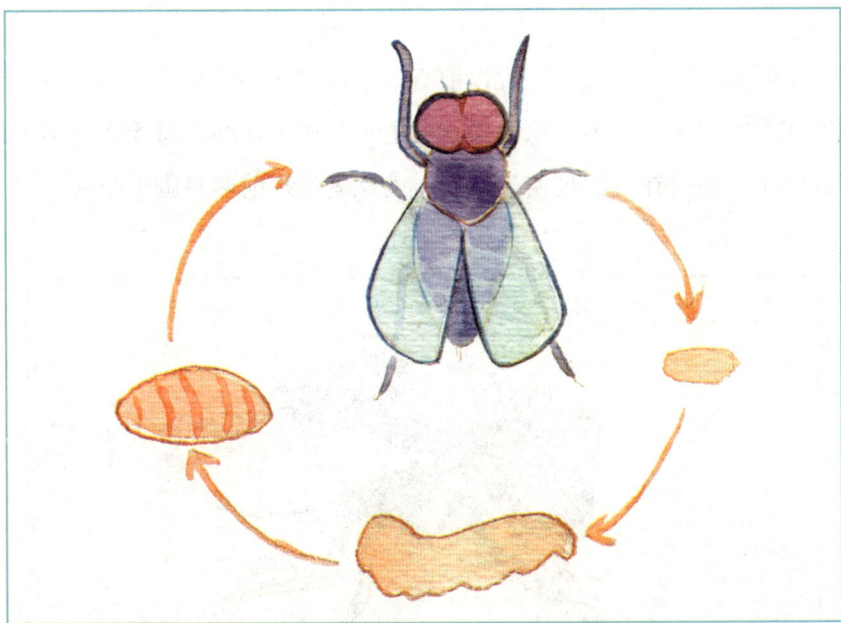

　　苍蝇有很多种类，其中最常见的是家蝇，它们的数量最多，与人或其他动物接触频繁，还会传播各种有害的疾病。苍蝇因携带多种病原微生物传播而危害人类。苍蝇总喜欢出现在一些非常脏的地方，比如人或畜的粪尿、痰、呕吐物以及尸体上等，然后又会在人体食物和餐具上面停留，再加上苍蝇的体表有很多绒毛，足部抓垫能分泌黏液，就会把大量的病原体比如霍乱弧菌、伤寒杆菌、痢疾杆菌、肝炎杆菌、脊髓灰质

炎病菌、甲肝病菌乙肝病菌，以及蛔虫卵等，带到食物和餐具上面。苍蝇吃东西时，先吐出嗉囊液，将食物溶解再吸入，而且边吃、边吐、边拉。这样也就把原来吃进消化液中的病原体一起吐了出来，污染它吃过的食物，人再去吃这些食物和使用污染的餐具就会得病。科学家证实，霍乱、痢疾的流行和细菌性食物中毒与苍蝇传播直接相关。

苍蝇为什么要经常搓脚？

小时候听过一个故事，说以前有一个特别贪心的财主，每天在家里搓穿铜币的绳子，神为了惩罚他，就把它变成了苍蝇，每天还是不停地在搓绳子。不过在我们现实生活中，苍蝇老是搓前两只脚干吗呀？

你可能不知道，苍蝇没有鼻子的，那么它是怎么"闻到"食物的味道的呢？它用的是脚。只要它飞到了食物上，就先用脚上的味觉器官去品一品食物的味道如何，然后再用嘴去吃。苍蝇每到一处落脚都喜欢

去尝一尝食物，所以到处乱飞的苍蝇脚上就会沾满了食物。这样既不利于苍蝇飞行，又阻碍了它的味觉。所以苍蝇把脚搓来搓去，好把脚上沾的食物搓掉，继续品尝更多的食物。

不过苍蝇的这个坏习惯会传染很多病菌。苍蝇如果在粪便、污水里站过又飞到食物上去，就会把病菌留在食物上。另外，苍蝇还有个更坏的习性，就是当它落在食物上时，不仅吃食物，而且，还要排粪，把肠子里的一些活着的病菌、寄生虫卵等都排在食物上。如果人们吃了这样的食物，很容易感染上疾病，影响身体健康，甚至危及生命。

苍蝇也有自己的贡献呢

其实苍蝇也有很多可取的地方，并不是那样总是令人讨厌。苍蝇有很强的繁殖力和丰富的养分，除了可以作为养殖业取之不尽的上等蛋白饲料外，还可开发医药、保健、生化、农药及化工等多种产品。

一只苍蝇可携带六百万个细菌，但它自己却很少被感染。科学家发

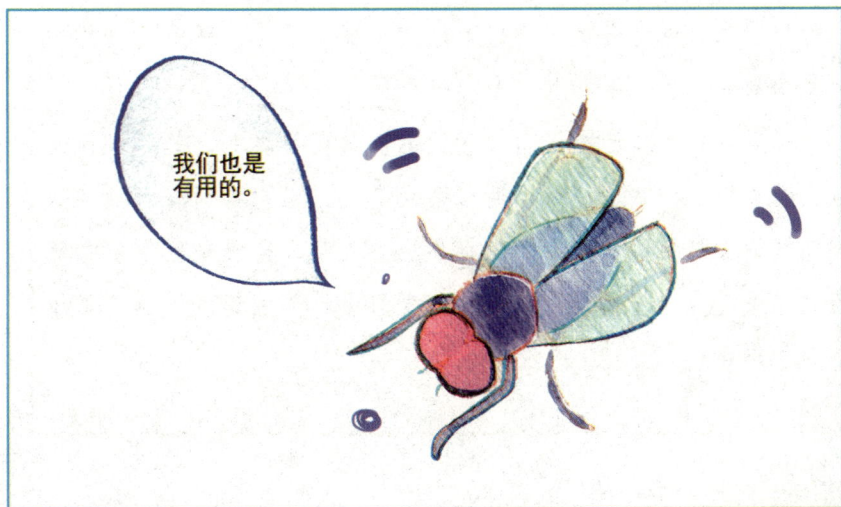

我们也是有用的。

现，苍蝇在生长发育过程中，幼虫会合成抗生素，使其对病原体具有免疫作用。科学家正积极地向苍蝇学习，设法能够人工合成抗生素，来治疗人体微生物疾病。此外，苍蝇除了眼睛特别出色外，它的嗅觉也是异常敏锐。科学家通过研究苍蝇的嗅觉系统而揭开了其嗅觉灵敏的奥秘，进而在此基础上研制出了电子鼻和气体分析仪，用来辨别气味和测定气体的性质。

小链接

一般人提到苍蝇，都会觉得非常讨厌。然而，澳大利亚面额为 50 元的纸币上面的图案却是苍蝇。想不到吧，澳大利亚人甚至把苍蝇当"宠物"。

不过这种苍蝇可不是我们平时见到的那种。它们多以森林为家，以植物汁液为食，不带任何病毒及细菌。这种苍蝇个头大，整个躯体及翅膀呈柔美的金黄色，飞时也不发出令人讨厌的嗡嗡声。你怎么也不会想到像"美丽、干净、可爱"这样的词语有一天也会用在苍蝇身上吧。

现在，苍蝇已成了澳大利亚的出口商品之一，每年能换回大量外汇。在悉尼、布里斯班两大港口，你能看到有大批装满苍蝇的集装箱运往国外，供世界上各大学、科研单位教学和研究之用。这些苍蝇还可以供钓鱼爱好者作为鱼饵，供养鱼场作为饲料等。

师生互动

学生：要怎样才能把苍蝇赶出我们的生活啊？

老师：现在我们生活中，苍蝇的出现已经越来越少了，这都是我们越来越注意生活和卫生的功劳。

想要彻底把苍蝇赶出我们的生活，首先就是注意卫生，不给苍蝇生活和居住的空间。生活垃圾要及时清理，不要随意堆放。家里不要有卫生死角。

家里要安装纱窗。放一些食醋或者葱和大蒜这样的刺激性气味的物品可以赶走苍蝇。种一些西红柿在家里也能够驱赶苍蝇。

如果发现家里有苍蝇，可以用蝇拍或者电蚊拍拍死，苍蝇多的话可以用少量的杀虫剂，也可以在苍蝇多的地方放一些粘蝇纸。这样我们的生活就没有恼人的嗡嗡嗡了。

繁殖最快的昆虫——蚜虫

◎ 奶奶家有个菜园子里面种了很多蔬菜。周末智智去奶奶家帮着奶奶给蔬菜浇水施肥。

◎ 智智穿着黄色的上衣，不一会儿，上衣上面就落了很多黑色的小虫子。

◎ 奶奶让智智回屋换一件衣服再出来干活

◎ 奶奶一边浇水一边翻看菜叶子，发现菜叶子下面也有好多小虫子。奶奶给智智的妈妈打电话说让她带一些杀虫药来

繁殖能力超强的蚜虫？

　　大家可能都有印象，每年都有一段时间身上会落一些很小的虫子，尤其是黄色的衣服上面，让人非常的厌恶。这些就是我们所说的蚜虫。蚜虫主要分布在北半球温带地区和亚热带地区，热带地区分布很少。世

界已知约 4700 余种，中国分布约 1100 种。

蚜虫是这个世界上繁殖速度最快的昆虫了。

蚜虫的繁殖力超强，一年能繁殖 10～30 个世代，每代 50～100 只幼蚜。雌性蚜虫一生下来就能够生育，而且蚜虫不需要雄性就可以怀孕。如果人类以蚜虫的速度繁殖后代的话，则一个女人一天生下的婴儿就可以爬满将近一个篮球场。

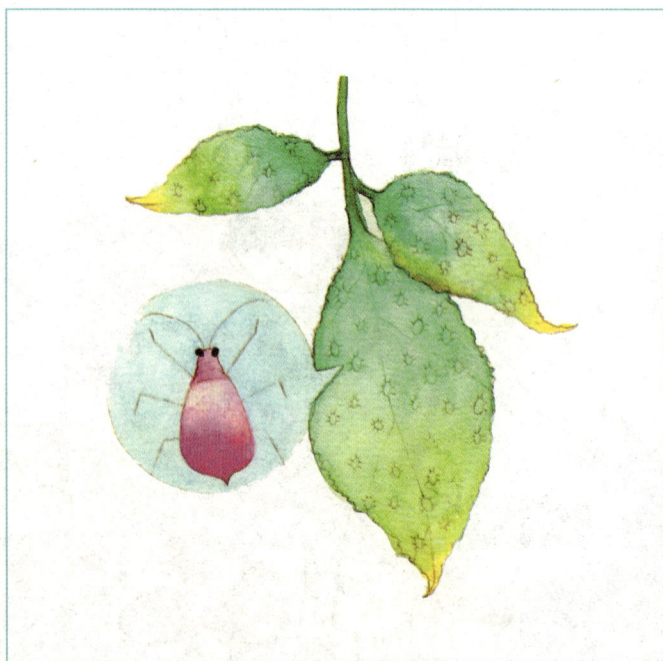

蚜虫对环境的要求也不高，当 5 天的平均气温稳定上升到 12℃ 以上时，便开始繁殖。在气温较低的早春和晚秋，完成 1 个世代需 10 天，在夏季温暖条件下，只需 4～5 天。气温为 16～22℃ 时最适宜蚜虫繁育。干旱或植株密度过大会增加蚜虫的数量。

蚜虫对植物的危害是怎样的?

蚜虫多数种类食性比较单一，只有少数为多食性，大部分种类是粮、棉、油、麻、茶、糖、菜、烟、果、药和树木等经济植物的重要害虫。其中麦芽的危害最大。

麦蚜的危害主要包括直接和间接两个方面：直接危害是由于蚜吸食叶片、茎秆、嫩头和嫩穗汁液导致植物生病或者死亡。其中包括麦长管蚜、麦二岔蚜、棉蚜、桃蚜及萝卜蚜等重要害虫。麦长管蚜多在植物上部叶片正面危害，抽穗灌浆后，迅速增殖，集中穗部危害。麦二叉蚜喜

在作物苗期危害，被害部形成枯斑，其他蚜虫无此症状。间接危害指麦蚜在危害同间，传播小麦病毒病，由于蚜虫迁飞扩散寻找寄主植物时会四处品尝，所以可以传播许多种植物病毒病，造成更大的危害。其中以传播小麦黄矮病危害最大。

受蚜虫侵害的植物随程度不同表现的症状也不一样，如生长率降低、叶斑、泛黄、发育不良、卷叶、产量降低、枯萎以及死亡。蚜虫吸食植物的汁液会造成植物营养不良，而蚜虫的唾液对于植物也有毒害作用。

蚜虫能够在植物之间传播病毒，例如桃蚜是超过110种植物病毒的载体，棉蚜常常传播病毒于甘蔗、番木瓜和落花生。

蚜虫的天敌是什么？

大家都知道，我们熟悉的七星瓢虫是蚜虫的天敌。七星瓢虫的成虫不仅能捕食各类蚜虫，还可以捕食介壳虫和壁虱，被人们称为"活农药"。尤其是在七星瓢虫的幼虫阶段，他们每天的生活就是在花草之间疯狂的捕食蚜虫来积攒足够的能量来化蛹变成成虫。成虫阶段，他们最喜欢吃的还是蚜虫。不过瓢虫家族并不都是"好人"，尽管大多数瓢虫都是肉食性的，也有少数种类的瓢虫是吃植物为生，这些种类的瓢虫也被视危害虫。

还有一种我们经常在田间看到的昆虫也是捕食蚜虫的能手——草蛉。它有着绿色柔软的身体，长着四个大而透明的翅膀，飞的一般比较缓慢。同七星瓢虫一样，它也吃各种农业害虫。

另外食蚜蝇、黑食蚜盲蝽、丁纹豹蛛等一些蜘蛛也是蚜虫的天敌。

小链接

你可能不知道，蚜虫与蚂蚁有着和谐的共生关系。小的时候就有听说蚂蚁是蚜虫的跟屁虫的故事。其实蚜虫用尖利的嘴吸食表皮层吸取养分的同时，每隔一两分钟，这些蚜虫会翘起腹部，开始分泌含有糖分的蜜露。工蚁赶来，用大颚把这些亮晶晶的蜜露刮下，吞到嘴里。一只工蚁来回穿梭，靠近蚜虫，舔食蜜露，就像奶牛场的挤奶作业。蚂蚁为蚜虫提供保护，赶走天敌；蚜虫也给蚂蚁提供蜜露，这是一个两全其美的交易。

师生互动

学生：蚜虫的危害这么大，那我们要怎样防治蚜虫的呢？

老师：如果是家里的花草上有蚜虫，可以用乐果乳油和蚜虱净稀释之后喷洒，或者使用菊酯类药（家里的蚊虫药就是菊酯类的，你可以看看家用蚊虫药或者蚊香的成分是不是氯菊酯之类的）。

在蚜虫的防治上，还有一些小窍门。首先消灭蚜虫，要从花卉越冬期开始，可收事半功倍之效，如单纯依靠在蚜害最严重的春、秋季进行，防治效果并不显著。其次，要对新引进的花种、花苗，应严格检查，防止外地新害虫的侵入，对土壤及旧花盆进行消毒，以杀死残留的虫卵。对于已经有蚜虫病害的植物，要结合修剪，将蚜虫栖居或虫卵潜伏过的残花、病枯枝叶，彻底清除，集中烧毁。

在家里发现少量蚜虫时，可用毛笔蘸水刷净，或将盆花倾斜放于自来水下旋转冲洗，既灭了蚜，又洗净叶片，提高了观赏价值和促进叶面呼吸作用；有条件的还可利用瓢虫、草蛉等天敌进行防治。发现大量蚜虫时，应及时隔离，并立即选用药物或土法消灭虫害。

在我们日常生活中也有很多东西可以用来制作杀虫剂，比如烟叶水、洗衣粉泡水等。当然最好的方法就是利用蚜虫的天敌来防治蚜虫了，抓几只七星瓢虫回来不仅能消灭蚜虫，也能给我们的阳台增添不少乐趣。

千足长虫——蜈蚣和马陆

◎去野外山里游玩，智智发现地上有一些长着很多脚的虫子。

◎智智拿小棍子拨开一条虫子，虫子蜷成一团。智智好奇地问妈妈这是什么虫子。

◎妈妈看了一眼说是马陆。

◎智智感叹说好多脚啊！

不是啦，这个是马陆。

这是什么虫啊，是蜈蚣吗？好多脚啊！

我以为有很多只脚的都是蜈蚣呢，马陆是什么啊？

蜈蚣是怎样的虫子？

蜈蚣有很多俗名，例如百脚、蜈蚣、百足虫、千足虫、天虫，等等。由此可见蜈蚣最大的特点就是它的脚多。

蜈蚣是蠕虫形的陆生节肢动物，蜈蚣的身体是由许多体节组成的，

每一节上有一对足，所以叫做多足动物。白天它们隐藏在暗处，晚上出去活动，以蚯蚓、昆虫等动物为食。我们经常在武侠小说里面看到的"五毒"，就是蜈蚣、蛇、蝎、壁虎、蟾蜍，其中蜈蚣位居五毒首位。

蜈蚣第一对脚呈钩状，锐利，钩端有毒腺口，老人把它们叫腭牙、

牙爪或毒肢等，能排出毒汁。蜈蚣在咬人的时候，毒腺分泌出大量毒液，顺腭牙的毒腺口注入被咬者皮下而致中毒。蜈蚣为典型的吃肉的虫子，性情非常凶猛。蜈蚣的食物范围广泛，甚至可以杀死比自己大的动物，不过它们最喜欢吃的还是小昆虫类，例如蟋蟀、蝗虫、金龟子、蝉、蚱蜢以及各种蝇类、蜂类，有时也吃蜘蛛、蚯蚓、蜗牛以及比其身体大得多的蛙、鼠、雀、蜥蜴及蛇类等。

那马陆又是怎样的虫子呢？

马陆也有地方叫做千足虫，属于多足纲动物，是蜈蚣的近亲。世界

上最大的千足虫是赤马陆，可达 30 厘米长，身围直径有 2.5cm。身体黝黑光亮，有时还有红色条纹。马陆在被触碰后，它的身体会蜷缩起来。

其实，马陆虽然叫千足虫，但是它根本没有 1000 条腿。事实上，它的脚只有不到 200 对，不过这已经是一个不少的数目了。虽然足很多，但马陆行动却很迟缓。行走时左右两侧足同时行动，前后足依次前进，细心观察的话会看到一排足会像波浪一样的涌动，很有节奏。

千足虫平时喜欢成群活动，一般生活在阴暗潮湿的地方，如：枯枝落叶堆里或瓦砾石块下。它们一般以落叶、腐殖质为食；也有少数种类吃植物的幼芽嫩根，是农业上的害虫。

虽然千足虫不咬人，但会分泌一种毒素。当你触摸摆弄时会释放出来，非常的刺激，严重的可致明显的红斑，疱疹和坏死。皮肤中千足虫的毒性分泌物应该用大量肥皂和水清洗，但一定不要用酒精。若皮肤发生反应，局部可敷以皮质类固醇。眼部受伤者需立即淋洗，并应用皮质

类固醇眼药水或软膏。

蜈蚣和马陆都可以入药吗?

自古就有用蜈蚣作为中药材的记载，蜈蚣体内含有两种似蜂毒的有毒成分，即组织胺样物质及溶血蛋白质；此外，尚含有酪氨酸、亮氨酸、蚁酸、脂肪油、胆固醇等。古人用以毒攻毒来形容蜈蚣的药效，最大的功效是可以消炎止痛。也可以用于疮疡肿毒，瘰疬结核，又可治毒蛇咬伤。蜈蚣还有与全蝎相似的通络止痛作用，可与防风、独活、威灵仙等祛风、除湿、通络药物同用。治疗顽固性头痛也是非常好的。另外，蜈蚣还可以用来治疗痉挛抽搐。蜈蚣辛温，性善走窜，通达内外，有比全蝎更强的息内风及搜风通络作用，二者常相互为用，治疗多种原因引起的痉挛抽搐，如止痉散。经适当配伍，亦可用于急、慢惊风、破伤风、

风中经络口眼歪斜等症。近些年来，还发现蜈蚣有治疗肿瘤的作用，使得蜈蚣的价钱一路飙升。

马陆也是一味很好的中药材。马陆有很好的抗菌作用，从虫体内提取制得的陇马陆素抗菌剂在体外抑菌试验中，表现出广谱抗菌作用。高浓度可以杀灭部分细菌。它尤其对肠道菌有较好的抑制效果。同青霉素联合使用有协同作用。从虫体分离出的"虫胺"磷酸盐有降压作用。这些从马陆体内提取的物质互相配合能更好地调节血管功能。

小链接

有一种类似蜈蚣的虫子，黄褐色比普通的蜈蚣小，触角和脚部很细很长，体短而扁，灰白色或棕黄色，全身分节，每节有组长的足一对，最后一对足特长。老人家常把这种虫子叫做钱串子，这种虫子就是蚰蜒，也叫做"蚰"。

蚰蜒是节足动物，像蜈蚣而略小，体色黄褐，有细长的脚十五对，生活在阴湿地方，在家里一般常在卫生间和厨房看到他们的踪影。蚰蜒行动非常敏捷，捕食小虫为食，是益虫。

蚰蜒的形态结构与蜈蚣很相似，主要的区别是：蚰蜒的身体较短，步足特别细长。当蚰蜒的一部分足被捉住的时候，这部分步足就从身体上断落下来，使身体可以逃脱这是蚰蜒逃避敌害的一种适应。

师生互动

学生：如果被蜈蚣蜇伤或者马陆毒伤，要怎么处理呢？

老师：如果是被小蜈蚣咬伤，仅在局部发生红肿、疼痛，并不会又很大问题。如果被长江流域的红头黑身黄脚蜈蚣咬到手，咬伤处会很快产生剧烈疼痛，就算及时进行处理还是会非常痛。这种疼痛是会蔓延到肢体其他地方的，一般2个小时内肘关节处，3个小时腋窝处开始剧烈疼痛，4~5小时胸口隐隐作痛，不过不用担心，一般不会导致致命危险。而且4天过后，症状就渐渐消失了。

但是如果被热带型大蜈蚣咬伤，可致淋巴管炎和组织坏死，有时整个肢体出现紫癜。有的甚至头痛、发热、眩晕、恶心、呕吐，甚至谵语、抽搐、昏迷等全身症状。

蜈蚣咬伤后立即用肥皂水清洗伤口，局部应用冷湿敷伤口，亦可用鱼腥草、蒲公英捣烂外敷。有全身症状者直速到医院治。在送医院之前，需要在伤口上端2~3厘米处，用布带扎紧，每15分钟放松1~2分钟，伤口周围可用冰敷，切开伤处皮肤，用抽吸器或拔火罐等吸出毒液，并选用高锰酸钾液、石灰水冲洗伤口。症状较重者应到医院治疗。

织网大师——蜘蛛

◎ 智智发现卫生间的墙角里，多了一张八
　角形的网。

◎ 智智看到网上没有蜘蛛，就想用手去碰
　一下网，被路过的妈妈阻止了。

◎ 智智的妈妈告诉智智，很多种类的蜘蛛是
　有毒的，千万不要随意的去碰蜘蛛网。

◎ 智智很好奇，蜘蛛是怎样织成这样一张
　网的呢？

小心，有毒哦！

好漂亮的蜘蛛网啊！

蜘蛛是怎么织网的呢？

蜘蛛网从哪里来？

我们都看到过蜘蛛网，但是知道蜘蛛网是从哪里来的么？

蜘蛛用来织网的丝线是一种蛋白质，蜘蛛腹部后方有一簇纺器，内通体内的丝腺。该腺体分泌的蛋白质黏液能够在空气中凝结成极牢固的

蛛丝。蜘蛛原始的科仅有 2 种丝腺，但圆蛛有 6 种。每种丝腺分泌的蜘蛛丝也是不同的，有的蜘蛛丝没有黏性（干丝），有的有黏性（黏丝）。大多数蜘蛛能用最少的丝织成面积最大的网，这个网就是一个空中的大陷阱，没有看见细丝的、飞行力不强的昆虫不小心撞到就只能做蜘蛛的盘中餐了。

蜘蛛网虽复杂，但一般在 1 小时内即能织成。蜘蛛一般在天快亮的时候织网，若网在捕食时破坏，则另织一新网。有的时候我们会被空气中飘荡的蜘蛛丝挂住，这就是蜘蛛正在织网。它们织网时会先放出一丝，

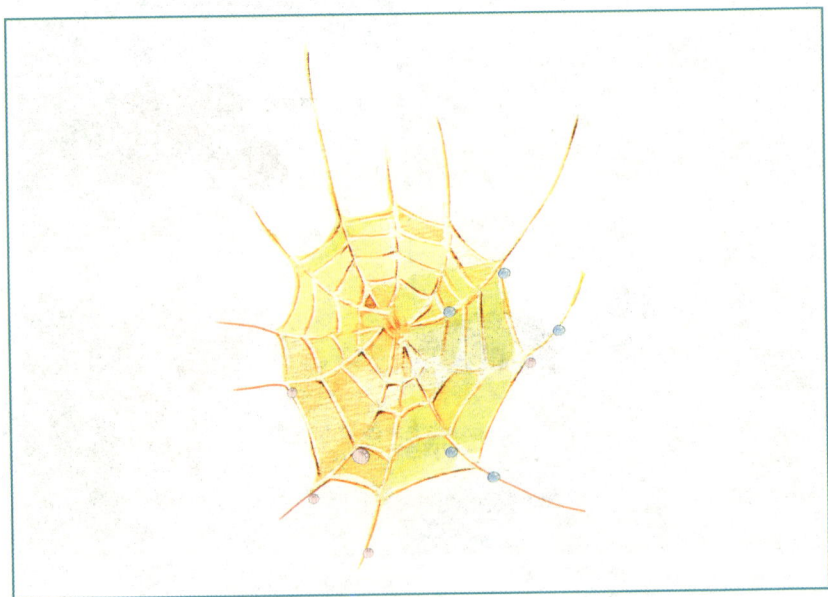

随风飘荡。如果丝的游离端未能黏在某物上，则蜘蛛把丝拉回吃掉。若该丝牢固地黏在某物（如树枝）上，则蜘蛛从该丝桥上通过，再用丝将它加固。蜘蛛织网的时候，先用不带黏性的蜘蛛丝织出支架，以及由中心向外放射的辐丝，再用带黏性的蜘蛛丝，织出一圈圈螺旋状的螺丝。很多人奇怪为什么蜘蛛网可以黏住昆虫蜘蛛自己却不会被黏住，就是因为

它在网上行动一般都是在不带黏性的支架上面。

每种蜘蛛都有自己的一种织网类型，这既是天生的，对于专家来说也是很容易辨认的，就像一位艺术家一眼就能区分出米开朗基罗和梵高的作品一样。很多种类的蜘蛛，会根据风和周围植被情况修改网的设计，有一些蜘蛛能够织出完美的对称型的蛛网，不过科学家还不知道蜘蛛结对称网的原因。

蜘蛛都是织网大师？

不可思议的是，蜘蛛网的硬度比同样厚度的钢材高9倍，弹性比最具弹力的其他合成材料高2倍，这究竟是怎么回事呢？蜘蛛丝在腹部中

时以液体的形式存在，而出来后却变成了固体的丝，研究人员一直在研究这是如何发生的。蛛丝比同样宽度的钢铁要坚硬得多也具有更大的柔韧性，它可以伸展到其长度的 200 倍。如果可以把这些蛛丝加以利用，就可以制造更好的轻型防弹背心、降落伞、武器装备防护材料、车轮外胎、整形手术用具和高强度渔网等产品。

不过并不是每一种蜘蛛都会织网。在 37000 多个蜘蛛种类中，所有的蜘蛛都能吐丝，但只有一半种类可以用丝织网，其余的只会用丝缠绕食物或卵，或编一个很小的临时的掩蔽处，或者像蜘蛛侠那样在跳跃的时候织一根安全带。有的蜘蛛可以用网做成一个气球，随风飘行到别的地方。

蜘蛛是怎样捕食猎物的呢？

结网的蜘蛛都是用网来捕食猎物的。当网全部完工后，有的蜘蛛从网中心拉一根丝（信号丝）爬到网的一角的树叶中隐蔽等待猎物的到来。

蜘蛛网丝结成的网具有高度的黏性，每当有粘上网的昆虫，蜘蛛便会透过信号丝的振动收到有猎物的信号。蜘蛛不会直接咬噬猎物，他们会先对猎物注入一种特殊的液体消化酶。这种消化酶能使昆虫昏迷、抽搐、直至死亡，昆虫体内慢慢被消化，但是壳子还是完好。然后蜘蛛就可以慢慢享用昆虫的汁液了。蜘蛛丝除了用来网罗猎物外，还可用来当保鲜袋，蜘蛛将吃剩的食物用网把猎物包好，留待下次食用。

另外一些不通过结网来捕猎的蜘蛛通常四处游走或者通过就地伪装来捕食猎物。

小链接

可能大家都听说过螳螂新娘会把螳螂新郎吃掉的故事。在蜘蛛界，这样的事情有的时候也会发生。

这是由于，雄蜘蛛一般身体比较瘦弱，有的种类的雄蛛，它们成熟后就不吃不喝，只能靠之前储存的能量过活，根本经不起长途跋涉的折磨。以赤背蜘蛛为例，当雄赤背蜘蛛将输精器官插入雌蜘蛛体内时，会以前肢为支点倒立，让身体悬挂在雌蛛嘴边。它一边注入精液时，比它身体大 200 倍的雌蛛一边开始咀嚼它的尾部。更奇妙的是，雄蛛有逃命的机会。它有两个交配器官，其中一个输精完毕后，可以虎口逃生，捡回一命。但是在 20 分钟内，雄蛛通常会重返雌蛛网，进行第二次交配。然后最终被雌蜘蛛吃掉。

欧洲还有一种蜘蛛，母蛛在幼蛛开始取食时死去，成为幼蛛的食物。

师生互动

学生：蜘蛛都是有毒的么？

老师：当然不是所有的蜘蛛都有毒性，有毒性的蜘蛛毒性强烈程度也大不相同。我们日常生活中所见到的蜘蛛大多数都是无毒或者毒性很弱的。不过真正的有毒蜘蛛有多少种大家也不是特别清楚。但是有一些大家都比较熟悉的著名的毒蜘蛛，例如球蛛科的地中海黑寡妇蛛，甲蛛科的褐平甲蛛，天疣蛛科的澳大利亚漏斗蛛、栉足蛛科的黑腹栉足蛛、捕鸟蛛科的澳大利亚捕鸟蛛。有数据统计，美国在1959～1973年间有被蜘蛛蜇伤1726个病例，死亡55人。线蛛属，捕鸟蛛属，咬伤的伤口较大而深，狼蛛属，园蛛属等咬伤则较轻。有些蜘蛛的毒素很强，科学家用一只20克小白鼠做试验，从静脉注射0.006毫克毒素，2～5小时内死亡，一般情况下，雌蜘蛛的毒素会更强一些。由于蜘蛛的毒性很强，在巴西，地中海东部，南斯拉夫等国，很多人见到蜘蛛都会感到害怕。

在我国毒性较强的蜘蛛是产于广西、云南、海南等地的捕鸟蛛；分布于上海、南京、北京、东北等地的红螯蛛；分布于新疆、陕北、河北、长春等地的穴居狼蛛；常见于台湾中南山地的赫毛长尾蛛和福建的黑寡妇蛛等。

木材的破坏狂：白蚁

◎智智家要搬新房子了，智智帮着妈妈打包行李。

◎收拾柜子的时候，智智发现柜门上面有些小洞，有的地方甚至有一条一条的凹槽。

◎妈妈一边把衣服装在箱子里面，一边拍打。

◎妈妈在打包好的箱子里面放了一些樟脑丸。

白蚁是白色的蚂蚁？

　　白蚁是白色的蚂蚁？不对！白蚁和蚂蚁可不是一种昆虫哦，甚至连亲戚都算不上。按照昆虫的分类来说，白蚁属于等翅目，是不完全变态的昆虫，倒和蟑螂算是近亲呢。

　　就长相上来说，蚂蚁和白蚁的触角是不同的，仔细观察会发现白蚁的触角没有节而蚂蚁是有节的，白蚁看起来像是脱了壳子的蚂蚁，白色透明，而蚂蚁的外壳非常坚固。他们俩的翅膀也是不一样的。最重要的一点，他们吃的东西也是不一样的。白蚁只吃木材等一些植物纤维，而蚂蚁是杂食性的。

　　不过白蚁和蚂蚁也有相似的地方，这就是他们的社会结构。他们也是群居的有严格分工的昆虫。它们有严格的社会阶层：蚁后、蚁王、兵蚁、工蚁。蚁王和蚁后在巢穴里基本不出门，只负责繁衍后代，所有日常工作都由兵蚁和工蚁完成。工蚁往往还有大、小型之分，无生殖机能，从事孵卵、哺育、筑巢、迁居、培养菌类及保护母蚁等类劳动，有时还参加防御工作。兵蚁主要担任防卫工作，没有繁殖能力，没有翅膀，需要工蚁喂食。

白蚁都是住在木头里的么？

白蚁吃的是木头，那么所有白蚁都是生活在木头上的么？其实不是的。对白蚁来说，生活条件要求最严格的是：温度、湿度、水分、空气、光线和土壤。从类别上分，有木栖性白蚁、土栖性白蚁和土木两栖性三类。

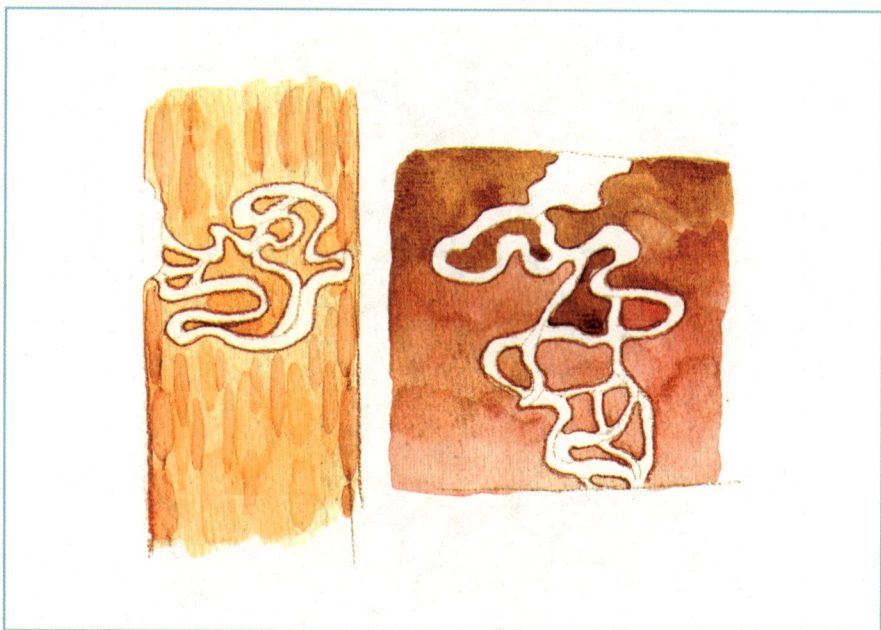

木栖性白蚁蚁群大小不一，总是会在有木头的地方筑巢，并取食木质纤维。

土栖性白蚁在地底土中筑巢或土面建蚁冢，并以树木、树叶和菌类等为食。

土木两栖性常住于干木、活的树木或埋在土中的木材，以干枯的植物、木材为食。

木栖性白蚁生活不依靠土壤，但是土木栖白蚁和土栖性白蚁跟土壤

的关系都极为密切，特别土栖性白蚁，离开土就无法生存。土栖性白蚁对土壤有严格的选择。土壤也是土木栖白蚁的蚁巢、蚁路的主要成分，没有土壤他们也无法生存。

白蚁吃木头会造成很大的危害么?

虽然说，90%以上的白蚁种类对人类不构成危害，它们住在山林、草地里，是生态圈里面重要的环节，对加速地表有机物质分解、促进物质循环、净化地表、增加土壤肥力起着重要作用。但是你知道么，仅仅是这剩下的10%的白蚁已经足够造成惊人的损失，这些危害主要表现在以下几个方面：

对农作物的危害：一般来说，白蚁对我国农作物还不是重要的害虫。但是对经济作物甘蔗来说危害还是较为严重的。其种类主要有：台湾家白蚁，黄翅大白蚁，黑翅土白蚁，海南土白蚁，台湾乳白蚁。

对树木的危害：白蚁对树木的危害很严重，其主要种类有：新白蚁，堆砂白蚁，家白蚁，树白蚁，散白蚁，木鼻白蚁，土白蚁和大白蚁，原白蚁等。

对房屋建筑的破坏：白蚁对房屋建筑的破坏，特别是对砖木结构、木结构建筑的破坏尤其严重。它们隐藏在木结构内部，破坏或损坏其承重点，平时不会轻易被发现，当房屋突然倒塌时，就会引起人们的极大关注。在我国，危害建筑的白蚁种类主要有：家白蚁，散白蚁和堆砂白蚁等属。这其中，家白蚁属的种类是破坏建筑物最严重的白蚁种类。它的特点是扩散力强，群体大，破坏迅速，在短期内即能造成巨大损失。

小链接

千里之堤毁于蚁穴！

你不知道吧，古人所说的"千里之堤毁于蚁穴"中的蚁指的是白蚁而不是蚂蚁哦。白蚁危害江河堤防的严重性，在我国古代文献上已有较为详细的记载，近代的记载更为详尽。土白蚁属、大白蚁属、和家白蚁属种类的白蚁群体对堤坝都有危害。它们在堤坝内筑巢并且迅速繁殖，蚁穴密集且蚁道四通八达，有些蚁道甚至穿通堤坝的内外坡。当汛期水位升高时，这些孔隙常常会造成管漏的危险情况，甚至还会造成堤坝垮塌。白蚁给我们带来的后果非常的严重，所以我们一定要好好防治它们！

师生互动

学生：如果家里有白蚁了，该怎么杀灭他们呢，樟脑可以清除白蚁么？

老师：首先要说的是，樟脑对白蚁没有很好的效果。樟脑虽然可以祛除其他一些常见的家居害虫，但是要想消灭白蚁，除了这个还要做其他一些工作：一方面是要让木材本身拥有更好的防护层；另一方面则是驱逐和毒杀白蚁。

灭杀白蚁可以用下面几种比较简单的方法：

1. 挖巢法。顾名思义，就是找到巢穴整个摧毁。找巢的线索有很多，其中之一是根据构筑蚁路的材料来判断蚁巢所处位置。地上木材中的蚁巢和树心巢，其蚁路的颜色多是褐色，且多纤维质；如蚁路成分以土质为主，则地下巢的可能性大；如蚁路成分带有沙质和石灰碎粒，则蚁巢多在空心墙柱和门楣中。挖巢最好冬季进行，这时家白蚁高度集中巢内，可一网打尽。不过，挖巢法很难根除白蚁，因为家白蚁建有主、副巢，并会产生补充的繁殖蚁。

2. 毒饵诱杀。把带有灭蚁灵毒饵的卫生纸塞入有家白蚁活动的部位，如蚁路、分飞孔、被害物的边缘或里面。毒饵的配制是将0.1克的75%灭蚁灵粉、2克红糖、2克松花粉、水适量，按重量称好，先将红糖用水溶开，再将灭蚁灵和松花粉拌匀倒入，搅拌成糊状，用皱纹卫生纸包好，或直接涂抹在卫生纸上揉成团即可。配制毒饵时如无松花粉，可用面粉、米粉和甘蔗渣粉代替。这些材质的质量也不错哦！

3. 潜所诱杀。在台湾乳白蚁活动季节设诱集坑或诱集箱，放入劈开的松木、甘蔗渣、芒萁、稻草等，用淘米水或红糖水淋湿，上面覆盖塑料薄膜和泥土，待7~10天诱来白蚁后，喷施75%灭蚁灵粉，施药后按原样放好，继续引诱，直到无白蚁为止。

轻功水上漂——水黾

◎夏天的午后，智智和妈妈去公园玩。

◎路过一个池塘的时候，智智发现水面
上有一些腿细长的小虫子浮着。

◎智智好奇地问妈妈这是什么？

◎妈妈告诉智智这是一种能在水上行走
的虫子。

妈妈，你看这是什么？这种虫子是练过轻功吗？怎么能在水面上行走呢？

这叫水蜘蛛，可以在水面上自由行走。

水黾是什么啊？

　　平静的池塘里面，细心的你会发现经常有许多小小的、长着长腿的昆虫。老人喜欢叫他们水蜘蛛，这就是水黾。

　　水黾的体形细长，身体为黑褐色，长约 1cm。头部为三角形，稍

长。腹面灰色，体的下面被有绢样的细毛。水黾有复眼 1 对，位于两侧；单眼退化；嘴巴稍长，分为 3 节，第 2 节最长；触角呈丝状 4 节，突出于头的前方。前胸延长，背部黑褐色，前翅革质，无膜质部；足 3 对，前足较短，中、后足很长，跗节 2 节。

　　小型水生昆虫水黾被喻为"溜冰者"，因为它不仅能在水面上滑行，而且还会像溜冰运动员一样能在水面上优雅地跳跃和玩耍。它的高明之处是，既不会划破水面，也不会浸湿自己的腿。水黾捕捉猎物时，可以以极快的速度在水面上滑行：它在水面上每秒钟可滑行 100 倍于身体长度的距离，这相当于一位身高 1.8m 的人以每小时 400 英里的速度游泳。水黾不但对人类无害，反而能捕杀害虫或成为鱼类的食饵。

水黾是怎么能浮在水面上的呢？

　　水黾能够在水面上不沉下去，得归功于水的表面张力。

　　小的时候我们都玩过吹泡泡的游戏。在水里面混一些肥皂或者洗衣粉，就能出吹好看的泡泡。这是因为水和很多液体中，存在一种相互拉近的力——表面张力。

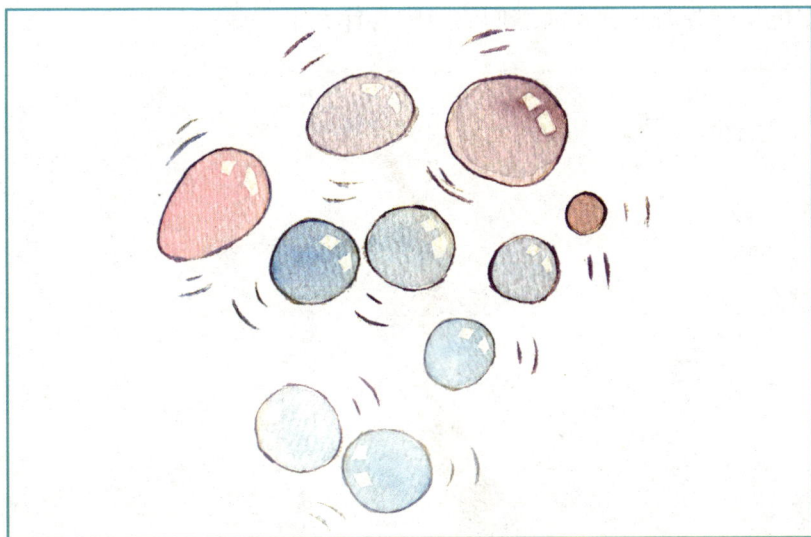

　　我们可以做一个小实验，当杯子倒满水之后，再滴几滴水在水面上面，这个时候，杯子里面的水面就会出现一个漂亮的突起，这是由于水表面张力的作用。水滴之所以能变成圆球形，也是由于表面张力作用的缘故。水的表面有一层膜叫表面层。它处在气体与液体之间。液体表面层由于跟空气接触，与液体内部情况有所不同。表面层里分子的分布要比液体的稀疏些，也就是分子间的距离比液体内部的大一些。在液体内部，分子间的引力基本上等于斥力；在表面层中，由于分子间的距离比

液体内部大，分子间的相互作用表现为引力。这种液体各部分间相互吸引的力，叫表面张力。在表面张力的作用下，液体表面有收缩到最小的趋势，所以我们吹出的泡泡都是圆形的。

水黾的脚那么细，是怎么能够在水面健步如飞的呢？

我们都知道如果用细针去刺肥皂泡，肥皂泡就会破裂，但是水黾的脚那么细为什么不会刺破水面的表面张力还能够在水面健步如飞呢？而且水黾还会弹跳，弹跳时它们的腿脚为什么不会湿？

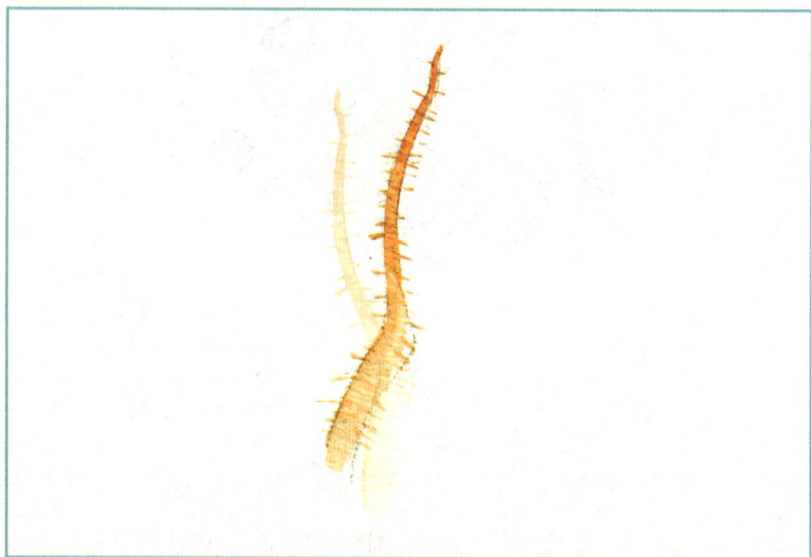

水黾足的附节上，生长着一排排不沾水的毛，所以，与足接触的那部分水面会下凹，但它的足尖不会冲破表面张力。会不会是它们的腿分泌油脂？我们都知道，油脂可以浮在水面上，如果水黾的腿脚能分泌油脂，再加上水表面的张力，水黾不就浮在了水面上了吗？科学家做了一个人工的水黾腿，并在上面涂了一层蜡。这条腿能够让水黾在水面上静止一会儿，但

却不能经得起水的波动。事实上，水黾在下雨的时候也不会沉下去。研究人员发现，水黾的腿能排开 300 倍于其身体体积的水量，这就是昆虫非凡浮力的原因。水黾的一条长腿就能在水面上支撑起 15 倍于身体的重量而不会沉没。而油脂层和水表面的张力却没有如此大的浮力。

水黾腿部特殊的微纳米结构才是真正原因。在高倍显微镜下科学家发现，水黾腿部上有数千根按同一方向排列的多层微米尺寸的刚毛。人的头发的直径大约在 80～100 微米之间，而这些像针一样的微米刚毛的直径不足 3 微米，类似于鸭子背部的毛，表面上形成螺旋状纳米结构的构造，吸附在构槽中的气泡形成气垫，从而让水黾能够在水面上自由地穿梭滑行，却不会将腿弄湿。

小链接

有一种长得和水黾很像的昆虫，生活在水中，外形却像螳螂，这种昆虫叫做水螳螂。水螳螂体长 40～45mm。体色黄褐色。体型及各脚特别细长，镰刀状捕捉前脚非常发达。腹部末端有细长呼吸管。水螳螂身体尤其是头部显得非常细长，复眼发达。水螳螂可以在水面行走，也可以呼吸管伸出水面呼吸，平时栖息在静水域的水草丛间。水螳螂属肉食性昆虫，强而有力的镰刀状前脚是它的锐利武器。主要以守株待兔的方式捕捉小鱼、小虾、蝌蚪、孑孓等水中小动物。

水塘里面还可以经常见到一种在水里生活的甲虫，叫做龙虱，也叫做潜水甲虫或真水生甲虫。它们是肉食性水生甲虫，4000 多种，捕食的生物从昆虫到比自身大的鱼都有。

龙虱最擅长的并不是在水面上行走，而是潜水。它能长时间潜入很深的塘底。即使冬季，它也能在很厚的冰层下的水底长期潜伏，不会因缺氧窒息而死。寒冬过后，冰层融化，它才结束水下越冬潜伏生活，开始自由自在地在水中游动。它的祖先原在陆地生活，后来由于地壳的变动而演变为水生，所以它还保留着祖辈呼吸空气的特征。在龙虱鞘翅下面有一个贮气囊，这个贮气囊有着"鳃"的功能，当龙虱在水中上下游动时它还能像鱼泡一样起到定位作用。龙虱停在水面时，前翅轻轻抖动，把体内带有二氧化碳的废气排出，然后利用气囊的收缩压力，从空气中吸收新鲜空气。空气中氧的含量比水中多很多倍，因此水生昆虫在长期的进化演变过程中，学会了各种吸取空气的办法。龙虱依靠贮存的新鲜空气，潜入水中生活。当气囊中氧气用完时，再游出水面，重新排出废气，吸进新鲜空气。

师生互动

学生：那如果水龟已经在水里了，它还能浮起来吗？

老师：你可以做一个有趣的小实验。在水里面加入一些中性洗涤剂，就会削弱水的表面张力，这时，走在水面的水龟足上的毛被沾湿，足冲破了表面张力而穿入水中，水龟就会沉入水中，而当水龟沉下去后，由于水龟本身的浮力并不足够使他浮起来，所以水龟就再也浮不上来了。

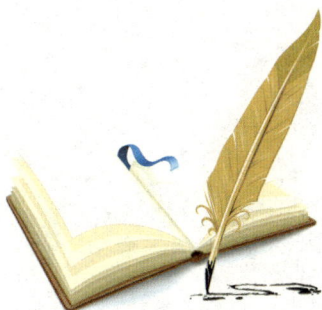

"杀不死的小强"——蟑螂

◎ 傍晚，智智妈在厨房做饭，智智在书房
  写作业，忽然听到智智妈一声尖叫。

◎ 智智进到厨房，看到妈妈正在用鞋子扑
  打墙面上的几只蟑螂。

◎ 智智帮着妈妈伸手去抓墙上的蟑螂被妈
  妈阻止了。

◎ 不一会地面上落了好些蟑螂的尸体，智
  智帮着妈妈一起打扫

蟑螂到底是怎样的一种虫子，为什么大家都如此讨厌它害怕它呢？

蟑螂这个家伙相信大家都见过，可是你不知道吧，这小小的蟑螂可是这个星球上最古老的昆虫之一，它的学名叫蜚蠊，到现在已经存活了3.5亿年了，比恐龙出现的时间还要早呢。在这么多年的演化过程中，

蟑螂的外貌和形态并没有什么变化，但是它对环境的适应能力和生命力却越来越顽强。他们之中，与我们人类生活在一起的蟑螂只占到所有种类的不到5%，常见的只有10种左右。

在我们的生活中，最常见的一种蟑螂是德国小蠊和美洲大蠊。他们喜欢选择温暖、潮湿、食物丰富和多缝隙的地方，所以在家里，最常看到蟑螂的地方是厨房。蟑螂一般晚上出来活动，白天则藏在墙的缝隙、下水道、角落和杂物堆里面。

蟑螂几乎什么都吃，食物种类非常广泛。各类食品，包括面包、米饭、糕点、荤素熟食品、瓜果以及饮料等，尤其喜食香、甜、油的面制食品。在各种植物油中，香麻油对它们最有引诱力，所以有些地方称它们为"偷油婆"。在食糖中，红糖、饴糖对它们的引诱力最强。除了喜

爱各类食品外，蟑螂也常咬食其他的东西，例如在住房、仓库、贮藏室等处，它们还吃棉花毛衣、皮革制品、纸张、书籍、肥皂，等等。在室外垃圾堆、阴沟和厕所等场所，它们又以腐败的有机物为食，甚而还吃一些死的动物。

他们穿行于人类食物和这些脏东西之间，再加上蟑螂喜欢反刍和边吃边拉的臭毛病，使得蟑螂成为传播疾病的元凶。偶尔也有因蟑螂侵害而导致通讯设备、电脑等故障，造成了严重的事故。另外，蟑螂还是引发哮喘和过敏的帮凶之一。

蟑螂是杀不死的？杀死一只蟑螂会变成很多只小蟑螂？

听妈妈说，蟑螂的头被切掉之后还可以继续存活，真是不可思议。其实啊，科学家做过实验，如果伤口没有被细菌或者病毒感染，又恰好没有鸟或者青蛙路过把它吃掉，一只被摘取头部的蟑螂可以活长达一个月的时间呢。

这并不是蟑螂所特有的。许多昆虫都可以做到。跟我们人类不一样，由于特殊的循环系统，昆虫类的头部被切下的时候并不会流血不止。其次，人类呼吸是依靠嘴或者鼻子，并且由大脑来控制这些功能，因此砍掉头，呼吸会停止。而昆虫通过腹部的气门呼吸，而且，它们不需要通过大脑来控制呼吸功能，而且血液也不用运输氧。它们只需要通过气门管道就可以直接通过导管呼吸空气。

最重要的是，蟑螂不像人和家里的小猫小狗一样是恒温的动物，它属于变温动物，不需要消耗能量来维持体温，这意味着它们需要的食物比人类的少得多。它们吃上一餐，就能生存数周。而且头部去除后，蟑螂会老实待在那，不会乱跑，这可以减少体力消耗。在实验室条件下，只要没有遇上掠食者，伤口又没有被细菌或病毒感染，它们就能继续活

甚至一个月，直到饿死。

还有人说，踩死的蟑螂会变成很多的小蟑螂。这其实是有的时候恰好踩到了怀孕的母蟑螂，因为蟑螂的卵包裹在特殊的胶质囊里面，就像我们平时吃的胶囊药丸一样。在被踩死的时候，只要卵囊没有破裂，幼虫就可以继续在里面孵化、长大，像是"变成小蟑螂一样"。

我也不是不死之身哦！

怎样消灭家里的蟑螂呢？

每年，远在大洋彼岸的美国政府用来消灭蟑螂的费用高达 15 亿美元，消灭蟑螂真是一个庞大的工程啊。那么我们在自己家里都可以做哪些事情来消灭蟑螂呢？

首先是必须要保持家庭环境的整洁和干净，要及时打扫房间清理垃圾。

其次是可以仔细的查找家里的缝隙，在晚间蟑螂活动比较多的时候

用热肥皂水或者洗衣粉水浇烫，这样肥皂泡泡会堵塞蟑螂的气门让它们窒息死亡。或者使用蟑螂药。

第三要及时处理蟑螂尸体，并且对附近进行消毒。然后检查房间的管道、纱窗还有没有蟑螂可以爬进来的缝隙，以绝后患。

最重要的是，要养成良好的卫生习惯。

小链接

可能大家看到这里都觉得，蟑螂这个家伙真是又脏又恶心讨厌至极了。其实，我们都误解了这一动物了，大多数的蟑螂并不是害虫，真正是害虫的只有大约50种。并且，自古以来就

有把蟑螂入药的习俗，中国第一本药学专著《神农本草经》和著名的医学著作《本草纲目》中都有记载。蟑螂有活血散瘀，解毒消疳，利尿消肿的作用。像是小儿疳积，脚气水肿，疔疮、肿毒及虫蛇咬伤这样的问题，蟑螂都能起到很好的作用。但是大家要注意了，药用的蟑螂必须是经过严格的养殖的，家里的蟑螂可不能吃哦。

师生互动

学生：我们现在看到的蟑螂怎么都是外国名字啊，他们是怎么到我们家里来的呢？

老师：现代科技发展进步了，蟑螂也跟上了时代的步伐。他们跟着这些车啊船啊飞机啊漂洋过海，进行他们的环球旅行。

所有的交通工具里面，火车受蟑螂的侵害极其严重。卧铺车厢的侵害率可高达40%，餐车更高。旅客随身携带的包裹、行李和其他物件以及托运的货物可能把蟑螂带上火车，反之，火车上的蟑螂也可能被旅客和货物带到各地。飞机通常携带蟑螂较少，但也有发现。飞机上的蟑螂，和远洋轮船一样，可造成国际间的扩散。

另外，蟑螂可以爬行或滑翔而散布到不同场所。尤其是现代建筑内部发达的各种管道系统、下水道、电线孔等，让它们不用出门就能从一个房间到达另一个房间。所以灭蟑，最好是全楼统一行动，这样能比较彻底地解决蟑螂的问题。

恐怖的毒物——蝎子

◎学校举行登山比赛的活动，同学们都参加了。

◎智智身体不好，跟在人群的后面，和几个同学一边聊天一边往山上走去。

◎忽然，智智发现前面的石头缝里面钻出一只虫子，以很快的速度跑掉了。

◎智智和同学们赶紧躲开蝎子走过的位置。

> 蝎子有毒哦！

> 看，有蝎子！

蝎子和蜘蛛是近亲吗？

　　没错，蝎子是蛛形纲动物。它们典型的特征包括瘦长的身体、螯、弯曲分段且带有毒刺的尾巴。陆地上最早的蝎子约出现于四亿三千万年前的志留纪。

全世界上的蝎子约有800余种，在我国约有10余种，主要是东亚钳蝎。这种蝎子又叫远东蝎，因其后腹部节上的纵沟形状和问荆相似，故又有问荆蝎之称。

蝎子外形有点像琵琶，全身表面都是高度几丁质的硬皮。成蝎体长约50～60mm，身体分节明显，由头胸部及腹部组成，体黄褐色。

蝎子是吃肉的，主要吃一些昆虫和毛毛虫，比如蜘蛛、蟋蟀、蜈蚣、青虫，等等。蝎子不是用耳朵来听的，它有一种特殊的结构，叫做触肢，上面长着听毛和跗节毛，另外还有一种叫做缝感觉器的结构。蝎子就用他们来发现猎物的位置。靠着这些，沙漠蝎能确切感受到50厘米深的沙土下面的蟑螂。蝎子觅食时，先用触肢将猎物夹住，尾巴举起，弯向身体前方，将毒针刺入猎物的身体里。毒腺外面的肌肉收缩，毒液就自动从毒针孔流出来。蝎子进食时，用螯肢把食物慢慢撕开，先吸猎物的体液，再吐出消化液，将其组织消化后再吸入。蝎子吃饭的速

度很慢。

大多数时候，蝎毒可以直接杀死昆虫，不过跟我们印象里面不同，蝎毒对人体是没有致命伤害的。被蝎子蛰到之后，人会感觉到像是被火烧到一般的剧烈疼痛。

蝎子平时都在什么地方活动？

蝎子属于昼伏夜出的动物，喜欢比较潮的生存环境，但是又不喜欢湿冷。它们喜欢阴暗并且惧怕强光刺激。蝎子一般是群居，好静不好动，并且有识窝和认群的习惯。所以，蝎子大多数在固定的窝穴内结伴定居。一般在大群蝎窝内大都有雌有雄，有大有小，和睦相处，很少发生相互残杀现象。但若不是同窝蝎子，情况就会大不相同。它们相遇后往往会产生激烈的厮杀。

有意思的是，蝎子和一些哺乳动物一样，有冬眠的习性。每年4月中下旬开始出来活动，到11月上旬的时候就开始冬眠，一年有6个月左右的时间在外面活动。蝎子在一天中活跃的时间也不长，它们在日落后晚8时至11时出来活动，到翌日凌晨2~3点钟便回窝栖息。它们不喜欢大风的天气，所以只有温暖无风、地面干燥的夜晚才能看到蝎子的踪迹。

蝎子的生存能力很强。它们虽是变温动物，但它们还是比较耐寒和耐热。外界环境的温度在40℃至零下5℃，蝎子均能够生存。不过，蝎子的生长发育和繁殖，与温度有密切的关系。它们最喜欢的温度为25℃~39℃之间。气温下降至10℃以下，蝎子就不太活动了，气温低于20℃，蝎子的活动也较少。当气温在35℃~39℃之间的时候，蝎子最为活跃，生长发育加快，产仔、交配也大都在此温度范围内进行。温度超过41℃，蝎体内的水分被蒸发，若此时既不及时降

温，又不及时补充水分，则蝎子极易出现脱水而死亡。温度超过43℃时，蝎子很快死亡。

蝎子的价值很高么？

早在2700多年前，我国劳动人民就认识到蝎子是防病、治病的良药。蝎子的药用价值很高。它是人参再造丸、大活络丹等30多种中成药的重要原料，是我国中医非常常用的一种动物药材；全蝎还可以与其他中药配制出100多种药方，用于治疗急慢性惊风、偏头痛、破伤风、高血压、牙痛、动脉硬化、顽疮恶疸、烧烫伤、风湿、淋巴结核等。另外，全蝎还是治疗肾炎、血管石硬化、乙肝、肝硬化、癌症等疑难病的主要药物。特别是近几年，蝎子在治疗疑难病症上发现有显著的疗效，

如可用来治疗脉管炎、血栓闭塞等。

随着现代医学科技的发展，国内外对蝎毒进行了分离纯化，发现其中中毒的蛋白不仅含量高，而且还有独特的生理活性。这种活性使得蝎毒对恶性肿瘤、顽固病毒和艾滋病等有特殊疗效。因此蝎毒的药用价值远远高于蝎子本身，它的价格比黄金还要贵。

> 别看我这么可怕，其实我是好人。

除了入药，蝎子还可以吃。蝎子营养价值丰富，可以制成各种滋补保健食品。

由于蝎子有良好的药用价值和食用价值，使得它的身价倍增，市场需求量也逐年递增，所以很多人把目光放在野生蝎子身上。野蝎在自然条件里寿命为9~13年，一只蝎一生可吃掉几万条蝗虫、棉铃虫等多种农作物害虫，而如果人们没有限制的捕捉，加上荒山大量开垦，农药化肥污染，会造成很大的生态问题。蝎子三年为一代，一年只繁殖一次，繁殖期为6月至9月，如果这期间大规模的捕捉，就很有可能致使当地野生蝎子灭绝。不过值得高兴的是，现在蝎子已经被列为国家重点保护动物，在我国收购野生蝎子是违法行为。现在人工饲养繁殖蝎子也已经很普遍了。

小链接

在大家的印象里面，蝎子毒性很强甚至能置人于死地，其实大部分时候蝎子的毒素对人体的影响并不会太大，并且中国蝎毒的毒性比美洲地区的小。对于一个健康的成年人来说，被蝎子蛰仅仅可能造成局部炎症、疼痛、疲劳、身体不适等。但是儿童对蝎毒敏感，中毒时须尽快使用抗蝎毒血清治疗。

蝎毒又称蝎子毒，是蝎子产生的毒素。主要成分是多种昆虫的神经毒素和哺乳动物的神经毒素，其中包括心脏毒素、溶血毒素、透明质酸酶及磷脂酶等。每次尾蛰的排毒量约有1mg毒液。蝎毒的药用价值非常高，科学研究表明，蝎毒对冠心病、心肌梗塞、脑梗塞、动脉硬化、风湿、肝病、高血黏稠、心脑血管疾病都有很好的治疗效果。

科学家现在已经越来越重视蝎毒的研究，在欧美一些国家，蝎毒已经开始被做成药品用于临床治疗。在国内，也有很多科研机构在研究和开发生产蝎毒产品。在国际市场上面，蝎毒价格不菲。

师生互动

学生：老师，现在蝎子很多人都在食用了，虽然蝎子对人的身体有好处，那是不是什么人都可以吃呢？

老师：如今，在某些小吃街，能看到卖炸蝎子的商家，虽然看起来很可怕，但是味道确实是不错的，也有一些爱喝酒的人用蝎子来泡酒喝。但是，并不是什么人都适合吃蝎子，尤其是怀了孩子的孕妇，要少吃蝎子，最好不吃，因为蝎子对肚子里的胎儿的健康是有影响的。所以，为了胎儿的健康，那些怀孕的阿姨们，一定要注意了哦！

团结就是力量——蚂蚁

◎智智发现，家里的厨房里面有很多小蚂蚁。尤其是糖罐子附近。

◎智智向妈妈汇报这个情况。

◎妈妈检查了一下，准备去买一些药来杀灭这些蚂蚁。

◎智智很想知道，这些蚂蚁和室外看到的哪些黑色的蚂蚁有什么不一样呢

这些蚂蚁是害虫，叫做小家蚁，是会传染疾病的。

家里有好多偷吃糖的蚂蚁！

小家蚁是蚂蚁的一种吗？

　　蚂蚁是地球上最常见的昆虫，是数量最多的一类昆虫。由于各种蚂蚁都是社会性生活的群体，在古代通称"蚁"。不过你可能不知道吧，蚂蚁是属于蜂类的。

蚂蚁能生活在任何有它们生存条件的地方，是世界上抗击自然灾害能力最强的生物，甚至比蟑螂还要强。据估计，目前仅有大约半数的蚂蚁被确认——目前约为 11700 种。一个更大范围的蚂蚁区系研究有待进行。中国国内已确定的蚂蚁种类有 600 多种。蚂蚁属于节肢动物门，昆虫纲，膜翅目，蚁科。目前，中国居室内常见的蚂蚁主要有以下三种：小黄家蚁，大头蚁，洛氏路舍蚁。

你可能经常在室内和厨房看到一种黄褐色的蚂蚁，是蚂蚁的一个品种，叫做家蚁，又名室黄蚁、厨蚁和小黄家蚁，体长仅 2mm 左右，淡黄褐色，腹柄 2 节，腹部后半部背面灰褐色，在我国许多城市有分布。这种蚂蚁体型很小，一般是棕红色。由于爬行时释放出蚁酸，所以在行动路线相对固定。家蚁喜欢吃甜的东西，对乳品、高蛋白、高脂肪类食品也非常喜爱。小家蚁一般栖息在厨房、卫生间等地的瓷砖缝隙内，繁殖能力很强，又很快，所以家里发现小家蚁一般数量都会比较大。小家

蚁比较害怕寒冷，当室温低于6℃时，就不出穴觅食了。但是他们抗饥渴能力很强，所以长时间不吃不喝也不会死掉。

小家蚁，一般是外面带来的，比如家具、装饰材料等。这种蚂蚁喜欢生活在较为潮湿的环境里。和普通的蚂蚁不同，由于家里的小家蚁会到处乱爬，周身自然沾满了各种细菌和病毒以及一些寄生虫卵。如果有吃剩的食物放在外面，就会招来大群的小家蚁来偷吃。当他们爬到食物上时会释放出大量的蚁酸污染食物，并且把带来的细菌病毒和寄生虫卵也带到了食物上面，人食后及易引起胃肠不适和各种肠道疾病；由于红蚂蚁喜欢吃乳品类，哺乳期婴幼儿更易招蚂蚁叮咬，被咬之后皮下出现红色斑点，极度搔痒，抓挠后斑点溃烂化脓，不易愈合，同时也影响人们的正常休息和睡眠，给我们的生活带来许多烦恼和不便。

团结就是力量

我们都知道蚂蚁个头虽小，但是力气很大，是昆虫界名副其实的大力士。据力学家测定，一只蚂蚁能够举起超过自身体重400倍的东西，还能够拖运超过自身体重1700倍的物体。10多只团结一致的蚂蚁，能够搬走超过它们自身体重5000倍的食物，这相当于10个平均体重70千克的彪形大汉搬运3500吨的重物，即平均每人搬运350吨，从相对力气这个角度来看，蚂蚁是当之无愧的大力士。小小的蚂蚁为什么能有如此神力？

原来，蚂蚁脚爪里的肌肉是一个效率非常高的"发动机"，能产生相当大的力量。我们知道，任何一台发动机都需要有一定的燃料，比如汽车需要汽油，拖拉机需要柴油。那么供给"肌肉发动机"的是什么燃料呢？这种"燃料"并不燃烧，却同样能够把潜藏的能量释放出来转变为机械能。不燃烧也就没有热损失，效率自然就大大提高。化学家

们已经知道了这种特殊"燃料"的成分，它是一种十分复杂的磷的化合物。这就是说，在蚂蚁的脚爪里，藏有几十亿台微妙的小电动机作为动力。

在日常生活中，经常可以看到比蚂蚁大很多倍的昆虫被一群蚂蚁围攻最后成为蚂蚁的盘中餐的情形，这样说来还真是团结力量大呢。

最凶猛的蚂蚁——火红蚁

虽然说蚂蚁看起来非常的渺小，但个头小的蚂蚁也能是非常凶猛的杀手。尤其是火红蚁。入侵红火蚁给被入侵地往往带来严重的生态灾难，是生物多样性保护和农业生产的大敌。

红火蚁入侵住房、学校、草坪等地，与人接触的机会较大，叮咬现象时有发生。其尾刺排放的毒液可引起过敏反应，甚至导致人类死亡。入侵红火蚁同时也啃咬电线，经常造成电线短路甚至引发小型火灾。

　　火蚁的名称来源于被其叮咬后如火灼伤般疼痛感，其后会出现如灼伤般的水泡。入侵红火蚁蚁巢在受到外力干扰骚动时极具攻击性，成熟的蚁巢中个体数约可达到 20 万至 50 万只个体，因此入侵者往往会遭受大量的火蚁的叮咬，大量酸性毒液的注入，除立即产生破坏性的伤害与剧痛外，毒液中的毒蛋白往往会造成被攻击者产生过敏而有休克死亡的危险，若脓泡破掉，则常常容易引起细菌的二次性感染。在 1998 年所做的调查，在南卡罗来纳州约有 33000 人因被蚁叮咬而需要就医，其中有 15% 会产生局部严重的过敏反应，2% 会产生有严重系统性反应而造成过敏性休克，而当年便有 2 件受火蚁直接叮咬而死亡。

蚂蚁跟我们人类社会一样，不同的形态有着不同的社会分工。所有的蚁科都过社会性群体生活。一般在一个群体里有四种不同的蚁型。

1、蚁后：有生殖能力的雌性，或称母蚁，又称蚁王，在群体中体型最大，特别是腹部大，生殖器官发达，触角短，胸足小，有翅、脱翅或无翅。主要职责是产卵、繁殖后代和统管这个群体大家庭。

2、雄蚁：或称父蚁。头圆小，上颚不发达，触角细长。有发达的生殖器官和外生殖器，主要职能是与蚁后交配。

3、工蚁：又称职蚁。无翅，是不发育的雌性，一般为群体中最小的个体，但数量最多。复眼小，单眼极微小或无。上颚、触角和三对足都很发达，善于步行奔走。工蚁没有生殖能力。工蚁的主要职责是建造和扩大巢穴、采集食物、饲喂幼虫及蚁后等。

4、兵蚁："兵蚁"是对某些蚂蚁种类的大工蚁的俗称，是没有生殖能力的雌蚁。头大，上颚发达，可以粉碎坚硬食物，在保卫群体时即成为战斗的武器。

师生互动

学生：怎样杀灭家里的小蚂蚁呢？

老师：室内的小家蚁对我们的生活产生很多影响，我们如果发现了有他们的存在，一定要及时的灭除。

杀灭小家蚁第一步是搞好室内卫生、彻底断绝食物和水源，堵塞瓷砖缝隙和水、暖气管道孔、通气孔、下水道孔处的防护处理。

必要的时候，也可以采用化学药物来灭杀。针对室内蚂蚁密度高的，可以采用药物滞留性喷洒，迅速降低蚂蚁密度后，定期投放蟑螂蚂蚁饵进行诱杀，直至彻底灭绝为止。

需要注意的是，杀虫剂有一定的毒性，如果在厨房使用要注意不要污染到食物。

夏天的烦恼——蚊子

◎傍晚，智智一家人在楼下大树旁乘凉，智智不停地拿着蒲扇在身边扑打。

◎智智的妈妈去家里拿出一瓶花露水给智智。

◎智智发现，一家人里面只有自己被蚊子咬了好几个包，爸爸妈妈身上却没有，他很奇怪。

◎奶奶在一边说。

好多蚊子啊！

以后出门要多做些预防，蚊子不仅咬人，还会传染疾病呢。

蚊子不仅在我们身上咬一些很痒的小包，还会传染疾病给我们吗？

　　每年夏天，讨厌的蚊子总是让我们头疼不已。有的时候夜里一直在耳边飞来飞去，早晨起来身上就多了好几个大包，总是忍不住想要去挠。蚊子的叮咬不仅会给我们的身体带来不舒服，还会传播疾病给我

们呢。

科学家发现，蚊子传播的疾病达 80 多种，毫不夸张地说，在地球上，除了蚊子，没有哪种动物对人类有更大危害了！大部分品种的蚊子会传染病毒性的疾病，包括黄热病、登革热、日本脑炎、圣路易脑炎、多发性关节炎、裂谷热、契昆根亚热及西尼罗河热等疾病。

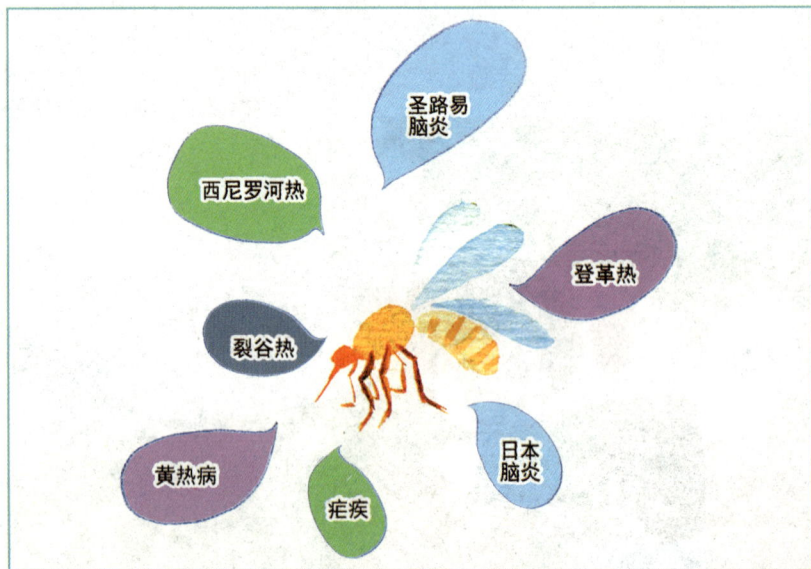

由蚊子传染的疾病里面，最严重的要数疟疾了。疟疾是由疟蚊传染的。在过去，南方瘴气盛行的地区，每年都有上万人因患疟疾而死亡。甚至是科技发展的今天，疟疾仍是全球人类主要的死因之一，尤其是五岁以下的小朋友，更容易受到疟疾的感染而死亡。疟疾每年约造成 3 百万人死亡，会传染疟疾的疟蚊分布在中南美洲、非洲、大洋洲和中亚，尤以非洲最为严重。在非洲，平均每 30 秒就有一个儿童死于疟疾。

流行性乙型脑炎（这是一种由滤过性病毒引起的急性传染病），也是由蚊子传带的，这种病又叫日本乙型脑炎，平时大家都把它叫做大脑

炎。被传染的人会发烧、头疼、呕吐，抽风、昏睡甚至昏迷。治疗上没有特效药品，所以病死率相当高。

蚊子是怎样传播疾病的呢？

蚊子是怎样把那些讨厌的疾病传染给人类的呢？

可能你不知道吧，只有母蚊子才会吸血，雄蚊子是"吃素的"。这是因为蚊子只有在"怀孕"的时候才需要大量的营养来保证卵发育。

我们都知道，身上破了的地方血液会在伤口凝结，但是血液却不会堵住蚊子嘴上的"吸管"。这是因为蚊子在吸血前，先将含有抗凝素的唾液注入皮下与血混合，使血变成不会凝结的稀薄血浆，然后吐出隔宿未消化的陈血，吮吸新鲜血液。

拿疟蚊来举例说明蚊子是怎么传染疾病的吧。当疟蚊吸食患有疟疾病人的血液，也把其中的疟原虫（疟疾的病源）吸进体内。它们再咬人时，疟原虫又从蚊子的口中注入被咬者的体内了。十天以后，疟原虫开始在接近皮肤的血管内出现。它们在红细胞内繁殖，分裂成大量的小原虫，这些小原虫破坏红细胞并释放一种毒素。这些小疟原虫又侵入其他红细胞而继续繁殖，使得病人体内疟原虫和毒素越来越多，最终引起患者发冷和发烧。

疟疾在以前经常被叫做"打摆子"。这是因为得了疟疾的病人首先会感到浑身发冷，全身抖个不停，但体温其实是高于正常的。大约经过一小时，病人又会觉得浑身发烫，这时体温继续上升。再经过三四个小时之后，病人开始出汗，体温慢慢下降。这个时候病人没有其他不适症状，就好像病好了一样，其实这时小原虫已侵入新的红细胞，又开始繁殖了。当疟原虫再次破坏红细胞时，病人又会经历一冷一热的循环。除非获得适当的治疗否则这种发作将有规律地继续下去而令人痛苦不堪。

疟疾给人类造成的损失是相当大的，病人身体衰弱，工作效率低，严重时还会丧失生命。虽然说用药品已可治疗和预防此病，但最好的办法是消灭传染这种疾病的蚊子。

怎样避免被蚊子咬到呢？

我们在生活中用怎样的方法能够避免被蚊子咬到呢？

当然第一个是要尽量的杀灭生活中的蚊子。平时多检查窗纱是否完整，查看屋内排风口和出水口，把门缝堵起来，这样不让蚊子进家门是第一步。对于已经进入房间里的蚊子，我们可以选择在人不在的时候使用杀虫剂，用蚊香和花露水，等等。最后，挂蚊帐也是一个不错的选择。

在平时，天热流汗多的时候，要及时用纸巾、手绢擦去汗液，保持皮肤清爽。如果日常活动场所内的蚊子较多，应身着长袖衣服。在户外最好穿着白色衣服。穿上吸汗效果好的袜子。到蚊子多的地方去不宜使用香水等气味浓郁的化妆品。户外活动的时候，尽量使用防蚊水来避免蚊子的叮咬。

这里还有关于蚊子的一个小提示，拍死一只正在吸血的蚊子可能会导致死亡哦！这是不是吓人啊。在美国还真的发生过这样的事情。有专家分析，蚊子吸血时会在皮肤上留下一个伤口，当它正在吸血时，如果突然被人拍死，蚊子的口器来不及拔出，那么人皮肤上的伤口就不会愈合。而蚊子身上所携带的致命真菌，可能就会随着还没来得及愈合的伤口，侵入体内引起细菌感染，最终导致死亡。当然，如果人身上本来就有伤口，感染了被拍死的蚊子携带的真菌后，也会有一定危险。

小链接

奶奶说蚊子更喜欢喝"香甜的"血液，是这样的么？生活中其实有很多说法，什么小孩子更容易被蚊子咬啦，什么 B 型血的人更招蚊子啦，事实是这样的吗？

其实蚊子对食物的选择来源于它发达的嗅觉能力。一些"好闻"的气味会告诉蚊子一顿美餐就在眼前，它就会随着这样的气味跟踪过来。二氧化碳、乳酸、脂肪酸、氨基酸等都是蚊子所喜爱的味道。那么在现实情况下，怎样的人会更容易被蚊子叮咬呢？

一是汗腺发达、体温较高的人。二是劳累或呼吸频率较快的人。三是喜欢穿深色衣服的人。四是新陈代谢快的人。五是化过妆的人。六是孕妇。七是饮酒的人。

师生互动

学生：让蚊子咬到之后都会起一个大包，特别的痒，该怎么办好呢？

老师：蚊子叮咬以后会出现一个大包，这个时候千万不能用手去挠，因为挠痒不仅不能止痒，还有可能让皮肤过敏甚至出现更大的伤口。我们平时可以使用花露水、风油精等涂在叮

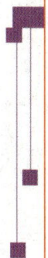

咬的地方。如果手边没有这些，我们也可以用生活中一些常见的东西来止痒。

第一个是香皂。蚊子分泌的让我们皮肤发痒的东西里面有一些是酸性的，比如乙酸，这时候肥皂的碱性可以中和这些酸性物质达到止痒的作用。

如果家里种着芦荟的话，可以切一小片芦荟叶，洗干净后掰开，在红肿处涂擦几下，就能消肿止痒。

切成片的大蒜也可以达到消炎止痒的作用。即使被咬处已成大包或发炎溃烂，均可用大蒜擦，一般 12 时后即可消炎去肿，溃烂的伤口 24 小时后可痊愈。

另外，西瓜皮、牙膏，或碾碎的薄荷、盐水和洗衣粉水都有一定的止痒作用。喝粥的时候，粥的表面会凝成了一层薄膜，将这层薄膜涂在蚊虫叮咬的地方，也可以止痒。

跳高冠军——跳蚤

◎智智发现自己的腿上有一排小包。

◎智智把身上的包给妈妈看，他对妈妈说被蚊子咬到了。

◎妈妈看到智智身上的包，告诉智智这不是蚊子咬的包。

◎智智很奇怪妈妈怎么知道

好痒，这个蚊子好能吃啊，一下子咬了这么多个包。

这是跳蚤咬的包！

妈妈是怎么知道是跳蚤而不是蚊子呢？

跳蚤也是一种非常微小的昆虫，它的身体只有几个毫米，一般很难用肉眼看到。跳蚤腹部很大，身体呈半透明的颜色，后腿发达，善于跳跃。成虫通常生活在哺乳类身上，也有少数在鸟类身上。

细心的你可能会发现，跳蚤叮咬的部位是有特点的，并且叮咬的痕迹也与其他昆虫不同。跳蚤一跳只有 10 几公分高，所以一般只能叮咬到人体小腿和袜管周围，如果被叮咬在脸、手臂或身上时，可能是坐或躺的时候被叮咬。跳蚤的咬痕通常要好几天才能痊愈。脚踝小腿被跳蚤叮咬的疹子最常出现在膝盖以下的地方，经常是两三个包一起出现、疹子成群出现、排列成一直线或者三角形。跳蚤的咬痕会形成外围红晕中央小红点，出现这样的情况就可以断定是被跳蚤咬到了。

跳蚤也有一边吃一边拉的坏毛病，当跳蚤咬住皮肤吸血时，会排出黑黑的粒便，像灰尘一样。这些不是他们的卵，而是粪便。我们看有一些被跳蚤感染的动物身上，有时找不到跳蚤，只见一堆堆的"黑沙子"，这些"黑沙子"，碰到水就溶解变成血色，这便是跳蚤的粪便。

对于过敏性人群，跳蚤咬后可能导致一些皮肤病的发生，尤其在夏

季，家里有猫狗等宠物的，如果宠物不干净就会滋生跳蚤等寄生虫，咬过人体后易导致季节性湿疹。跳蚤还有可能传染鼠疫，跳蚤吸食鼠疫患者的血液后胃中充满了鼠疫的杆菌，食道被细菌阻塞。一些鼠蚤有时咬人。因为被咬部位发痒，搔痒时会将鼠疫细菌带入微细的伤口，也能使人染上鼠疫。

跳蚤是怎么能跳得那么高的呢？

跳蚤身长只有 0.5～3mm，但却能向上跳 350mm，相当于身长的 120～700 倍。它还有两条强壮的后腿，因而善于跳跃。跳蚤最多可以跳过它们身长 350 倍的距离，相当于一个人跳过一个足球场。假如跳蚤

像人那样大，就应该向上跳 200～1100 米。跳蚤每 4 秒钟跳 1 次，能连续跳 78 小时，起跳用的力是体重的 140 倍。由此计算跳跃加速度，相当于宇宙飞船的速度。

然而，根据实验测量，跳蚤肌肉只能产生跳跃所需力量的十分之一，那么还有十分之九的力从何而来？飞机设计师们对此很感兴趣，他们委托一位生物学家和一位科学摄影师进行研究。结果，出人意料的发现，跳蚤根本不会跳，而是靠长在腿上的弹性"翅膀"飞行，神奇吧！哈哈！

跳蚤的生命力很强吗？

跳蚤的外壳，最具对生命的保护能力，可以承受比体重大九十倍的重量！有一种说法，人的身体，如果有了如同跳蚤身体一样的外壳，而不是如今的皮肉，那么，人可以从一千公尺的高空，摔跌下硬地而安然无恙，也可以承受一千千克的重物，自一千公尺高坠下的重压。

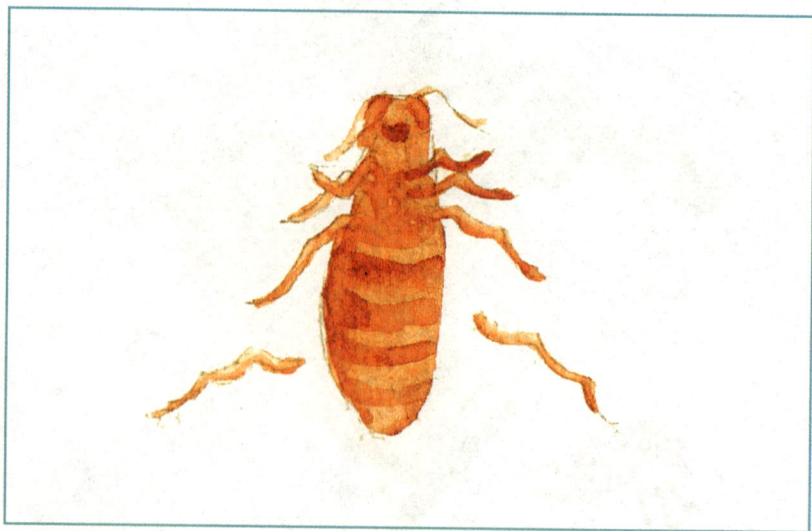

不过，跳蚤对各种家庭室内用的驱虫和杀虫药都没有很好的抵抗力。实验发现跳蚤在充满樟脑丸气味的空间里，几个小时就会死亡，所以把樟脑丸磨成粉末，播撒于室内各个角落及跳蚤出没的地方，然后尽量密闭房间，一两天左右通风散气即可发现跳蚤全部死亡。

另外，拟除虫菊酯杀虫剂中，氯氟氰菊酯（功夫）与溴氰菊酯（凯素灵），具有极强的触杀和胃毒作用，而且作用快、持效长，也能很快杀死家中的跳蚤。并且使用方便，直接用水稀释，能充分发挥药效，分散度良好，对动物安全，无刺激气味，对物体表面无腐蚀破坏作用。溴氰菊酯还兼有一定的杀卵作用。

小链接

很多人都听说过跳蚤市场，嘿嘿，这可不是专门卖跳蚤的市场哦，而是卖很多东西的。跳蚤市场是欧美等西方国家对旧货地摊市场的别称。由一个个地摊摊位组成，市场规模大小不等。出售商品多是旧货、人们多余的物品及未曾用过但已过时的衣物等，小到衣服上的小装饰物，大到完整的旧汽车、录像机、电视机、洗衣机，一应俱全，应有尽有。价格低廉，很多仅仅是新品的一折。另外，跳蚤市场多为自发组织，管理松散。

为什么要叫做跳蚤市场呢？有一种说法是早期的英国人经常将自己的旧衣服、旧东西在街上卖，而那些旧的东西里时常会有跳蚤、虱子等小虫子。逐渐地，人们就将这样卖旧货的地方叫做 flea market。而我们中国人呢，也就直译成了跳蚤市场。

人们半开玩笑地说市场内的破烂商品里很可能到处都是跳蚤，该市场因此而得名。

不过 现在也有很多人认为，跳蚤市场的名字来源于它的经营模式。跳蚤市场一开始就是经营小的东西，如跳蚤般，细碎，所以才被叫做跳蚤市场。

师生互动

学生：怎样预防和杀灭家中的跳蚤呢？

老师：首先是要改善环境卫生，保持室内清洁，住房要通风透光，衣服、被褥要勤洗、勤换、勤晒太阳。动物会携带跳蚤，所以要捕杀老鼠，不要和猫、犬同室居住。另外可用药物灭蚤。不过要小心的是，家里如果养猫、犬、家畜和家禽，要对动物的栖居处喷洒药物的时候，应注意防止动物中毒。若身居在跳蚤较多的环境处，可于睡前在身上涂20%樟脑油或樟脑酊，就可以不被跳蚤烦扰了。

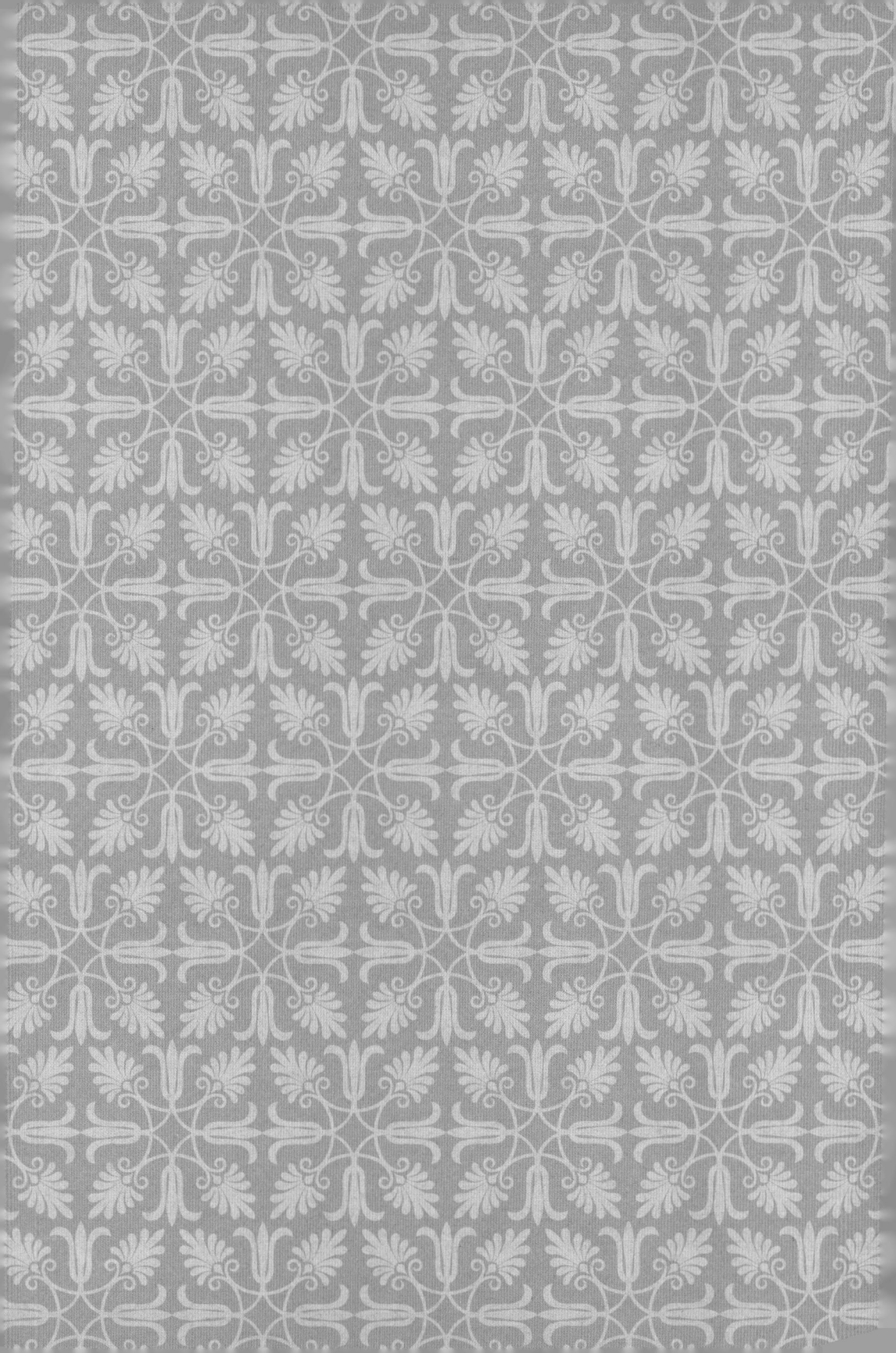

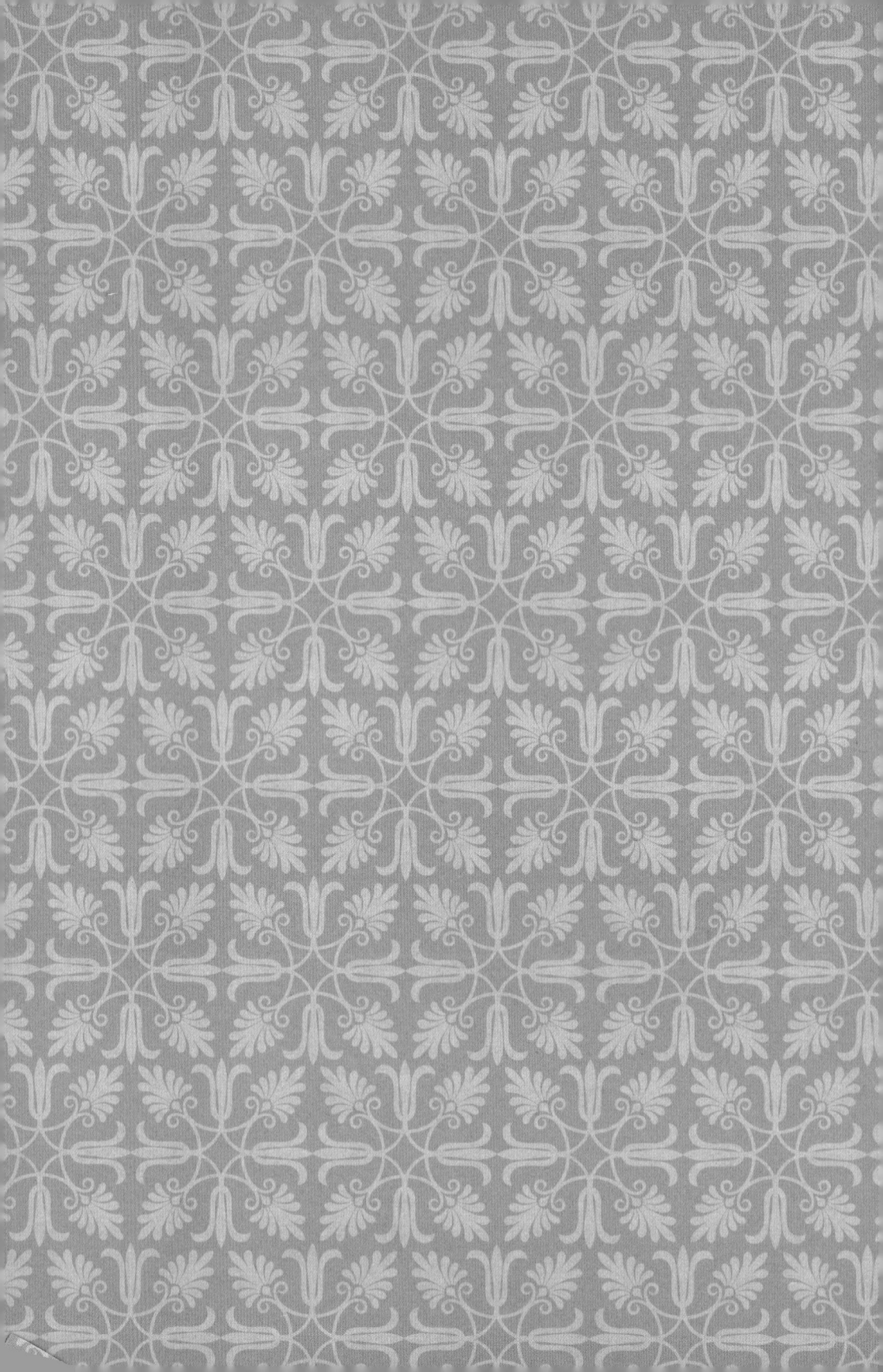